U0123025

CRE公務員綜合招聘考試

投考公務員 中文運用

精讀試題王 題庫與練習

精讀王

Man Sir & Mark Sir 著

文化会社 culture cross

序言

現今社會的變遷和經濟的轉型為政府的施政帶來極大的挑戰。因此，公務員團隊必須吸納更多的有志者、有能者，為市民提供優質的服務。所謂有志者，簡單而言，正如2011-12年度施政報告所示：「堅守以民為本的信念，以開放包容的態度，服務市民，貢獻社會。」至於有能者則包括各方的專才，不一而足，且各部門的要求也有所不同，難以一概而論。

另一方面，專才也須具備通才的特質，據公務員事務局所示：「政務職系人員是專業的管理通才，在香港特別行政區政府擔當重要角色。」所以，公務員考試組及部分決策局和部門舉辦一系列的考試遴選，以為聘任之用。

以學位／專業程度職系而言，最基本的要求就是通過公務員綜合招聘考試（Common Recruitment Examination-CRE），該測試首先包括三張各為45分鐘的多項選擇題試卷，分別是「中文運用」、「英文運用」、和「能力傾向測試」，其目的是評核考生的中、英語文能力及推理能力。

之後是「基本法測試」試卷，基本法測試同樣是以選擇題形式作答之試卷，全卷合共15題，考生必須於20分鐘內完成。而基本法測試本身並無設定及格分數，滿分則為100分。基本法測試的成績，會對於應徵「學位或專業程度公務員職位」的人士佔其整體表現的一個適當的比重。

然而，學有博約之別，才有遲速之分，一些考生雖有志有能，但礙於此一門檻，因而未能加入公務員團隊，一展抱負。

有見及此，本書特為應考公務員綜合招聘試的考生提供試前準備，希望考生能熟習各種題型及答題方法。可是要在45分鐘之內完成全卷對大部分考生而言確有一定的難度。因此，答題的時間分配也是通過該試的關鍵之一。考生宜通過本書的模擬測試，了解自己的強弱所在，從而制訂最適合自己的考試策略。

此外，考生也應明白任何一種能力的培訓，固然不可能一蹴而就，所以宜多加推敲部分附有解説的答案，先從準確入手，再提升答題速度。考生如能善用本書，對於應付公務員綜合招聘考試有很大的幫助。

Man Sir & Mark Sir

目錄

PART
ONE

輕鬆認識 CRE

認識公務員綜合招聘考試

公務員綜合招聘考試(CRE)
科目包括：

- 英文運用
- 中文運用
- 能力傾向測試
- 《基本法》知識測試

入職要求

- 應徵學位或專業程度公務員職位者，須在綜合招聘考試的英文運用及中文運用兩張試卷取得二級或一級成績，以符合有關職位的一般語文能力要求。
- 個別進行招聘的政府部門/ 職系會於招聘廣告中列明有關職位在英文運用及中文運用試卷所需的成績。
- 在英文運用及中文運用試卷取得二級成績的應徵者，會被視為已符合所有學位或專業程度職系的一般語文能力要求。
- 部分學位或專業程度公務員職位要求應徵者除具備英文運用及中文運用試卷的所需成績外，亦須在能力傾向測試中取得及格成績。

考試模式

I. 英文運用

考試模式：

全卷共40題選擇題，限時45分鐘

試題類型：

- Comprehension
- Error Identification
- Sentence Completion
- Paragraph Improvement

評分標準：

成績分為二級、一級及格或不及格，二級為最高等級

擁有以下資歷者可等同獲CRE英文運用考試的二級成績，並可豁免考試：

- 香港中學文憑考試英國語文科5級或以上成績
- 香港高級程度會考英語運用科或 General Certificate of Education(Advanced Level) (GCE ALevel) English Language 科C級或以上成績

- 在International English Language Testing System(IELTS)學術模式整體分級取得6.5或以上，並在同一次考試中各項個別分級取得不低於6的人士，在考試成績的兩年有效期內，其IELTS成績可獲接納為等同綜合招聘考試英文運用試卷的二級成績。

擁有以下資歷者可等同獲CRE英文運用考試的一級成績：

- 香港中學文憑考試英國語文科4級成績
- 香港高級程度會考英語運用科或GCE ALevel English Language科D級成績

* 備註：持有上述成績者，可因應有意投考的公務員職位的要求，決定是否需要報考英文運用試卷。

II. 中文運用

考試模式：

全卷共45題選擇題，限時45分鐘

試題類型：

- 閱讀理解
- 字詞辨識
- 句子辨析
- 詞句運用

評分標準：

成績分為二級、一級或不及格，二級為最高等級

擁有以下資歷者可等同獲CRE中文運用考試的二級成績，並可豁免考試：

- 香港中學文憑考試中國語文科5級或以上成績
- 香港高級程度會考中國語文及文化、中國語言文學或中國語文科C級或以上成績

擁有以下資歷者可等同獲CRE中文運用考試的一級成績：

- 香港中學文憑考試中國語文科4級成績
- 香港高級程度會考中國語文及文化、中國語言文學或中國語文科D級成績

*備註：持有上述成績者，可因應有意投考的公務員職位的要求，決定是否需要報考中文運用試卷。

III. 能力傾向測試

考試模式：

全卷共35題選擇題，限時45分鐘

試題類型：

- 演繹推理
- Verbal Reasoning (English)
- Numerical Reasoning

- Data Sufficiency Test
- Interpretation of Tables and Graphs

評分標準：

成績分為及格或不及格

IV.《基本法》知識測試

考試模式：

全卷共15題選擇題，限時20分鐘

評分標準：

無及格標準，測試應徵者對《基本法》（包括所有附件及夾附的資料）的認識。成績會在整體表現中佔適當比重，但不會影響其申請公務員職位的資格。

公務員職系要求全面睇

	職系	入職職級	英文運用	中文運用	能力傾向測試
1	會計主任	二級會計主任	二級	二級	及格
2	政務主任	政務主任	二級	二級	及格
3	農業主任	助理農業主任/ 農業主任	一級	一級	及格
4	系統分析/ 程序編製主任	二級系統分析/ 程序編製主任	二級	二級	及格
5	建築師	助理建築師/ 建築師	一級	一級	及格
6	政府檔案處主任	政府檔案處助理主任	二級	二級	-
7	評税主任	助理評税主任	二級	二級	及格
8	審計師	審計師	二級	二級	及格
9	屋宇裝備工程師	助理屋宇裝備工程師/ 屋宇裝備工程師	一級	一級	及格
10	屋宇測量師	助理屋宇測量師/ 屋宇測量師	一級	一級	及格
11	製圖師	助理製圖師/ 製圖師	一級	一級	-
12	化驗師	化驗師	一級	一級	及格
13	臨床心理學家（衞生署、入境事務處）	臨床心理學家（衞生署、入境事務處）	一級	一級	-
14	臨床心理學家（懲教署、香港警務處）	臨床心理學家（懲教署、香港警務處）	二級	二級	-
15	臨床心理學家（社會福利署）	臨床心理學家（社會福利署）	二級	二級	及格
16	法庭傳譯主任	法庭二級傳譯主任	二級	二級	及格
17	館長	二級助理館長	二級	二級	-
18	牙科醫生	牙科醫生	一級	一級	-
19	營養科主任	營養科主任	一級	一級	-
20	經濟主任	經濟主任	二級	二級	-
21	教育主任（懲教署）	助理教育主任（懲教署）	一級	一級	-
22	教育主任（教育局、社會福利署）	助理教育主任（教育局、社會福利署）	二級	二級	-
23	教育主任（行政）	助理教育主任（行政）	二級	二級	-
24	機電工程師（機電工程署）	助理機電工程師/ 機電工程師（機電工程署）	一級	一級	及格
25	機電工程師（創新科技署）	助理機電工程師/機電工程師（創新科技署）	一級	一級	-

	職系	入職職級	英文運用	中文運用	能力傾向測試
26	電機工程師（水務署）	助理電機工程師/ 電機工程師（水務署）	一級	一級	及格
27	電子工程師（民航署、機電工程署）	助理電子工程師/ 電子工程師（民航署、機電工程署）	一級	一級	及格
28	電子工程師（創新科技署）	助理電子工程師/電子工程師(創新科技署)	一級	一級	-
29	工程師	助理工程師/ 工程師	一級	一級	及格
30	娛樂事務管理主任	娛樂事務管理主任	二級	二級	及格
31	環境保護主任	助理環境保護主任/ 環境保護主任	二級	二級	及格
32	產業測量師	助理產業測量師/ 產業測量師	一級	一級	-
33	審查主任	審查主任	二級	二級	及格
34	行政主任	二級行政主任	二級	二級	及格
35	學術主任	學術主任	一級	一級	-
36	漁業主任	助理漁業主任/ 漁業主任	一級	一級	及格
37	警察福利主任	警察助理福利主任	二級	二級	-
38	林務主任	助理林務主任/ 林務主任	一級	一級	及格
39	土力工程師	助理土力工程師/ 土力工程師	一級	一級	及格
40	政府律師	政府律師	二級	一級	-
41	政府車輛事務經理	政府車輛事務經理	一級	一級	-
42	院務主任	二級院務主任	二級	二級	及格
43	新聞主任(美術設計)/(攝影)	助理新聞主任（美術設計）/（攝影）	一級	一級	-
44	新聞主任（一般工作）	助理新聞主任（一般工作）	二級	二級	及格
45	破產管理主任	二級破產管理主任	二級	二級	及格
46	督學（學位）	助理督學（學位）	二級	二級	-
47	知識產權審查主任	二級知識產權審查主任	二級	二級	及格
48	投資促進主任	投資促進主任	二級	二級	-
49	勞工事務主任	二級助理勞工事務主任	二級	二級	及格
50	土地測量師	助理土地測量師/ 土地測量師	一級	一級	-

	職系	入職職級	英文運用	中文運用	能力傾向測試
51	園境師	助理園境師/ 園境師	一級	一級	及格
52	法律翻譯主任	法律翻譯主任	二級	二級	-
53	法律援助律師	法律援助律師	二級	一級	及格
54	圖書館館長	圖書館助理館長	二級	二級	及格
55	屋宇保養測量師	助理屋宇保養測量師/ 屋宇保養測量師	一級	一級	及格
56	管理參議主任	二級管理參議主任	二級	二級	及格
57	文化工作經理	文化工作副經理	二級	二級	及格
58	機械工程師	助理機械工程師/ 機械工程師	一級	一級	及格
59	醫生	醫生	一級	一級	-
60	職業環境衞生師	助理職業環境衞生師/ 職業環境衞生師	二級	二級	及格
61	法定語文主任	二級法定語文主任	二級	二級	-
62	民航事務主任二級 助理民航事務主任 高級民航事務主任	高級民航事務主任（民航行政管理）	二級	-	
63	民航事務主任 （航空營運督察）	高級民航事務主任（航空營運督察）	二級	一級	-
64	防治蟲鼠主任	助理防治蟲鼠主任/ 防治蟲鼠主任	一級	一級	及格
65	藥劑師	藥劑師	一級	一級	-
66	物理學家	物理學家	一級	一級	及格
67	規劃師	助理規劃師/ 規劃師	二級	二級	及格
68	小學學位教師	助理小學學位教師	二級	二級	-
69	工料測量師	助理工料測量師/ 工料測量師	一級	一級	及格
70	規管事務經理	規管事務經理	一級	一級	-
71	科學主任	科學主任	一級	一級	-
72	科學主任（醫務）（衞生署）	科學主任（醫務）（衞生署）	一級	一級	-
73	科學主任（醫務） （食物環境衞生署）	科學主任（醫務）（食物環境衞生署）	一級	一級	及格
74	管理值班工程師	管理值班工程師	一級	一級	-
75	船舶安全主任	船舶安全主任	一級	一級	-

	職系	入職職級	英文運用	中文運用	能力傾向測試
76	即時傳譯主任	即時傳譯主任	二級	二級	-
77	社會工作主任	助理社會工作主任	二級	二級	及格
78	律師	律師	二級	一級	-
79	專責教育主任	二級專責教育主任	二級	二級	-
80	言語治療主任	言語治療主任	一級	一級	-
81	統計師	統計師	二級	二級	及格
82	結構工程師	助理結構工程師/ 結構工程師	一級	一級	及格
83	電訊工程師（香港警務處）	助理電訊工程師/ 電訊工程師（香港警務處）	一級	一級	-
84	電訊工程師（電訊管理局）	助理電訊工程師/ 電訊工程師（電訊管理局）	一級	一級	及格
85	電訊工程師（香港電台）	高級電訊工程師/ 助理電訊工程師/ 電訊工程師（香港電台）	一級	一級	-
	電訊工程師（消防處）	高級電訊工程師（消防處）	一級	一級	-
86	城市規劃師	助理城市規劃師/ 城市規劃師	二級	二級	及格
87	貿易主任	二級助理貿易主任	二級	二級	及格
88	訓練主任	二級訓練主任	二級	二級	及格
89	運輸主任	二級運輸主任	二級	二級	及格
90	庫務會計師	庫務會計師	二級	二級	及格
91	物業估價測量師	助理物業估價測量師/ 物業估價測量師	一級	一級	及格
92	水務化驗師	水務化驗師	一級	一級	及格

12 個最多公務員的部門

部門	實際人數
香港警務處	33650
消防處	10420
食物環境衞生署	10118
康樂及文化事務署	9194
房屋署	8775
入境事務處	7668
懲教署	6601
香港海關	6294
衞生署	6113
社會福利署	5833
郵政署	5204
教育局	5048
其他部門	55425
總數	**170343**

* 統計截至 2018 年 2 月 15 日止

PART TWO

考試精讀題庫—

（一）閱讀理解

I. 文章閱讀

考生須閱讀題材與日常生活或工作有關的文章，回答選擇題。此部份測試考生對理解和掌握文章意旨、深層意義、辨別事實與意見、詮釋資料等方面的能力。

【練習一】

你能想像一隻綠色老鼠的樣子嗎？科學家最近通過基因變化技術使老鼠長出了綠色的毛，試驗的成功讓科學家們相信，將相關基因移植入毛囊可以改變毛髮的顏色，這意味著對毛囊進行基因變體療法可能大有作為。

抗癌公司是美國加州聖達戈的一家生物技術公司，這裡的科學家將一種水母基因移植到老鼠的毛囊中，使老鼠長出了在藍光下呈現螢光綠的毛髮。該公司總裁羅伯特•霍夫曼說：「這些毛髮之所以是綠色的，是因為其中有螢光綠色的蛋白質。」這種螢光綠蛋白質就是使水母在暗處發綠光的那種基因。霍夫曼將這種水母的基因移人一塊剪下的老鼠皮上，他用一種名叫膠原酶的物質將老鼠皮組織軟化，膠原酶可使毛囊更容易接受水母的基因，然後將老鼠皮放入培養液中。培養液含有一種腺病毒，這種病毒與平常引起感冒的腺病毒相似。該病毒很快進入老鼠皮上的水母基因細胞中。霍夫曼採取措施使病毒迅速複製，這樣病毒細胞就可以將自己攜帶的基因成分載入老鼠的細胞中。霍夫曼在顯微鏡下觀察細胞的變化過程，他發現，老鼠皮的毛囊中明顯出現了綠色蛋白質的斑點，這是每根毛發生長的基礎。此後，這塊老鼠皮上80%的地方長出了綠色的毛。然後，霍夫曼將這塊長有綠毛的老鼠皮移植到活老鼠缺少毛髮的皮膚上，移植的毛髮在老鼠身上不斷生長，逐漸遍佈全身。

目前，該研究最樂觀的前景可能就是讓灰白頭髮恢復成黑髮。研究人員已通過基因療法使白老鼠長出了黑色的毛，這對於治療灰白頭髮是重大進步。但這種基因變體技術還要在老鼠身上再做幾年試驗才能用於人類。科學家們認為，一旦人類掌握了關於頭髮顏色的基因，基因療法就可以用於美髮。黑頭髮是因為真黑素在發揮作用，紅頭髮和褐色頭髮也都有其生成色素，但目前還沒破解金髮的分子構造。一旦科學家們發現了所有決定頭髮顏色的基因，那麼人們就可以隨心所欲地改變頭髮的顏色，只需啟動或減少相關基因，而不是通過染色物質。

霍夫曼同時指出：「毛囊是個了不起的工具。」他相信基因工程能使毛囊產生任何形式的蛋白質，比如胰島素和干擾素（一種免疫系統蛋白質）。小小的毛囊其實是個巨大的工廠。通過基因療法，毛囊裡不僅能長出健康的頭髮，還有可能承載某些基因來治療白化病、糖尿病、癌症等。實際上，把基因療法用於美髮要比治病困難得多。美髮需要把頭上所有的毛囊都進行處理，而治病只在幾個毛囊上進行處理就可以了。

1. 根據文意，下列對文中的「相關基因」和「自己攜帶的基因成分」的理解，正確的一項是（ ）。

A. 一種水母基因，水母細胞的基因成分

B. 關於頭髮顏色的基因，病毒細胞的原有的基因成分

C. 一種水母基因，病毒細胞的原有的基因成分

D. 關於頭髮顏色的基因，水母細胞的基因成分

2. 文中說「毛囊是個了不起的工具」，下列不能作為這句話的依據的一項是（ ）。

A. 毛囊能通過基因工程產生任何形式的蛋白質

B. 小小的毛囊其實是個巨大的工廠，能製造胰島素和干擾素

C. 毛囊裏能長出健康的頭髮

D. 毛囊裏可能承載某些基因來治療白化病等頑症

3. 下列理解符合原文意思的一項是（ ）。

A. 一種水母身上帶有能在暗處發綠光的螢光綠蛋白質，將該蛋白質植入老鼠毛髮，就能使之發綠光

B. 霍夫曼把一種類似感冒病毒的腺病毒，植入活老鼠缺少毛髮的皮膚上並迅速複製，這樣就使老鼠皮的毛囊中明顯出現綠色蛋白質的斑點

C. 霍夫曼採用的基因變體療法就是通過基因變化技術對老鼠的毛囊進行基因改造，從而改變毛髮的顏色

D. 科學家們認為，基因療法能否用於美髮，關鍵在於人類對頭髮顏色的基因的掌握，如果不能發現所有決定頭髮顏色的基因，那麼人們就很難改變頭髮的顏色

4. 根據原文所提供的資訊，以下推斷正確的一項是（ ）。

A. 科學家能通過基因變化技術使老鼠長出綠色的毛，意味著目前也可以通過同樣的技術使老鼠長出其他各種顏色的毛

B. 人類的黑頭髮是因為真黑素在發揮作用，將來科學家只需啟動或減少相關基因，而不是通過染色物質，就可能讓灰白頭髮恢復成黑髮

C. 霍夫曼移入水母基因細胞時，用一種名叫膠原酶的物質將老鼠皮組織軟化，如果不用這種膠原酶，他的實驗就不能取得成功

D. 如果利用毛囊進行的基因變體療法在人身上的試驗獲得成功，那麼人類對白化病、糖尿病和癌症等頑疾的治療就會輕而易舉了

5. 下列哪項最適合作該篇文字的標題？

A. 彩色頭髮基因技術

B. 老鼠毛色變綠的原因

C. 毛囊的作用

D. 如何利用基因技術

【練習二】

曾蔭權要當政客還是政治家？

去年底，應香港中文大學聯合書院的邀請，主講「香港出版與香港文學的出路」。講座設在該校邵逸夫堂，出席的師生凡一千三百人。一個很嚴肅的、關於文學出路的講座，竟然有這麼多人參加，令我大感意外之餘，也有點「枯木逢春」的喜悅。

誰說香港文學會死亡？讀化工出身的聯合書院院長馮國培教授向我透露，聯合書院在通識教育中，對於文學藝術這一環是相當重視的。言談中，我們還談到在聯合書院執教鞭的陳之藩教授。雖然陳教授是科學家，但多年來文學創作不輟。他早年出版的、寓人生哲理於美文的《旅美小簡》，更是洛陽紙貴。

去年十一月，中國文化部部長孫家正在港與香港文藝界有一次聚會，在座談中，我提到當局對香港文學的贊助和對文學的扶掖，相對其他藝術如音樂、戲劇、舞蹈的資助，是微不足道的。以內地為例，政府花好幾億元人民幣興建現代文學館和中國作家大樓，相反，特區政府用於文學的資源十分匱乏，這與特區政府衮衮諸公漠視文學創作有關。

據我所知，香港作家聯合會曾向特區政府提交建立香港文學館的倡議書，特區政府有關部門的回應是暫時沒有這個計劃。孫部長為此特別作出回應，指出文學才是原創性的，如果戲劇、電影沒有好的劇本和好的作品，再好的導演和演員也沒用，作為一個有眼界、負責任的政府，對文學應予重視。

已故的司馬長風先生曾指出：「在社會主義國家裏，政府支持文學，作家的待遇較佳，又有官方作宣傳，作品受到重視；在資本主義社會裏，文學多由資本家支持，比方說，日本的資本家在這方面做得比較好，香港的就未免太落伍，太缺乏遠見了。」(1)香港政府固然缺乏遠見，躋身世界巨富之列的不少香港資本家，對香港文學一直是漠視的。如這次對興建西九龍文娛藝術區投標的幾個香港財團，在建議書內對文藝館建設方面，只提到文物館、戲劇、音樂、舞蹈、繪畫，對於原創性文學竟然不聞不問，令人感慨繫之。香港財團漠視香港文學的原因，大抵正如劉紹銘教授所說的，香港文學是弱勢文化。文學如果作為商品價值來衡量，是微乎其微的，在香港更是等而下之，難怪都不能入當官的和從商的法眼。

朱自清曾說過，「經典的價值不在實用，而在文化。文化是比實用更深的東西」(2)，然而文化中的文學，更是「一個民族思想的文字表現」。(3)所以有眼光的政治家和有所作為的企業家，對文學都是重視的，如歐洲國家中法國、瑞典等政府對文學的重視，如發明家諾貝爾所設的諾貝爾獎。香港當政的官員如果沒有遠大的眼光，充其量只是一個政客；做大生意的人如果不願回饋社會、弘揚文化，嚴格來說不是一個企業家，而只是一個急功近利的、徵逐銅臭的生意人。

香港是一個典型的商業城市，商業很發達，與巴黎、倫敦、紐約、東京等國際城市不遑多讓，但後者不僅僅是商業城市，還是文化都會。巴黎、倫敦都是文藝薈萃的地方；紐約百老匯有最好的歌劇，也是當代藝術思潮產生的地方；東京的文化人包括作家的社會地位是十分崇高的。相反，在這方面，香港是蒼白的、貧血的。

上述城市的當政者都知道文化是都會的靈魂，而文學更是靈魂中的靈魂。高瞻遠矚的政治家都深諳這個道理，所以他們都大力提倡和支持，三國時期的曹丕不光是國君，也是一位文學家，他指出：「年壽有時而盡，榮樂止乎其身。二者必至之常期，未若文章之無窮。」(4)誠然，人的業績包括功勳，將連同軀體同歸於盡，只有用文字把智慧表達出來，才能永世長存。

我們講了上面的那許多話，只是希望香港的新特首不再只甘於當時下的政客，而是要做一個有遠見的政治家，把香港建成有文化底蘊的都會，重視包括文學的文化創作活動和建設，從而使香港晉身真正有文化、有靈魂的國際大都會，則香港幸甚、香港人幸甚。畢竟文學是千秋事宜啊！

輯自潘耀明《曾蔭權要當政客還是政治家？》，載於《明報月刊》(2005 年 7 月號)
註：(1)《新晚報》，一九七九年九月二十五日；(2)《文化的力量．序》；(3)《論美國文學》，威．埃．強尼；(4)《三國．魏》

1. 以下哪一項不是本文作者對香港文學的看法？

A. 香港政府對文學的資助非常不足。

B. 香港文學正在「枯木逢春」的階段。

C. 香港文學一直不受香港資本家重視。

D. 負責任的政府應該對香港文學加以重視。

2. 作者對香港、巴黎、倫敦、紐約、東京等城市有甚麼評價？

A. 香港是一座具有濃郁文化特色的城市

B. 香港在文化方面不及巴黎、倫敦、紐約、東京等城市。

C. 香港不能與巴黎、倫敦、紐約、東京等城市比較。

D. 如果香港重視文學，就能夠與巴黎、倫敦、紐約、東京等城市相提並論。

3. 文中引用司馬長風先生的話，目的在於指出：

A. 社會主義國家比資本主義國家更重視文學。

B. 中國政府是負責任的政府。

C. 在重視文學方面，香港相當落後。

D. 文學是一切藝術的基礎。

4. 本文題目與內容有甚麼關係？

A. 本文題目與內容沒有關係。

B. 文本以曾蔭權當政治家為背景，説明文學和政治關係密切。

C. 本文呼籲重視香港文學，因為這是曾蔭權成為政治家的籌碼。

D. 本文談及香港文學不受重視的情況，並從負責任政府看重文學而希望香港新政府應重視文學，因此題見與內容也有關係。

【練習三】

第二次世界大戰期間，美國和前蘇聯的科學家分別發現，在大洋深處有一些深海聲道可以讓聲波傳得很遠。在深海聲道中，聲音可以傳播到數千公里之外而沒有減弱的跡象。後來的科學家還為此做過一次實驗，他們在澳洲南部海中投下深水炸彈，爆炸產生的聲波順著深海聲道繞過了好望角，又折向赤道，橫穿大西洋，經過3小時43分鐘後，竟然被北美洲百慕大群島的測聽站收聽到了。計算起來，這顆炸彈爆炸後的聲波一共「走」了19200公里，在海洋中環繞地球達半圈！

經過理論分析，科學家發現，這是因為大自然在大洋深處造成了對聲波傳播非常有利的深海聲道。海水下的聲速基本上由溫度和海水壓力控制：溫度愈低，聲速也愈慢；而海水壓力愈大，則聲速愈快。大洋中的水溫從總的來說是太陽照射造成的，因此溫度總是隨深度增加而降低，但到一定深度後溫度就不再改變，形成深海等溫層。而海水壓力卻只與深度有關，深度愈大，海水壓力就愈大。因此，如果從海面向下觀察，就會發現，聲速先是隨深度增加、溫度降低而變慢，當下降到一個最低值時，海水溫度不再改變，這時，聲速就會隨海水壓力增大而變快。

這樣，聲波傳播的速度在整個海洋中變成了上下兩層，在上面的一層中，水層越深，聲速越慢；在下面的一層中，水層越深，聲速則越快。在這兩層交界的地方，就形成了一個特殊的聲道軸，由於聲波在傳播中總是向聲速慢的介面彎曲，因此聲道軸上方和下方的聲音都會折回聲道軸。在上面的一層中，水層越深，聲速越慢；在下面的一層中，水層越深，聲速則越快。這樣，聲能被限制在聲道上下一定的深度範圍內傳播，不接觸海面和海底，這就像在聲道軸上下各放一塊反射聲音特別好的大平板一樣，聲音總是在這兩塊平板之間來回反射，能量不受損失，可以傳到很遠的地方。這就是「深海聲道」。

深海聲道經常受到複雜海況的影響，海洋深度的變化、海底山脈的阻擋都是障礙。一般説來，如果海的深度變淺，對聲道會有明顯的影響，但如果不淺到聲道的下界，影響就不大，如果越過了下界，聲道中的部分聲波能量就會受損。海底愈淺，聲能受損就愈嚴重。如果海底穿過整個聲道，那麼聲道效應就沒有了，聲道就消失了。

1. 下列對「深海聲道」的理解，正確的一項是（ ）。

A. 深海聲道是可以讓聲音以由快變慢再由慢變快的速度清晰地傳播到大洋很深處一定範圍內，並總是向聲速慢的一面彎曲的特殊介面。

B. 深海聲道是位處深海一定深度範圍內，環繞地球達半圈並且能使聲音在其中傳播到數千公里之外而沒有減弱跡象的特殊聲道。

C. 深海聲道是以深海等溫層為介面形成的，因而能保證聲波迅速而不受損失地傳播到深海一定範圍內的特殊的聲道軸。

D. 深海聲道是聲能不接觸海面和海底而不受損失地在大洋深處的一定深度範圍內傳播，從而讓聲音可以傳得很遠的特殊聲道。

2. 在海水下的聲速與溫度和海水壓力的關係是（ ）。

A. 溫度愈低，聲速愈慢。

B. 溫度愈低，聲速愈快。

C. 海水壓力愈小，聲速愈快。

D. 海水壓力愈大，聲速愈慢。

3. 根據文意，不屬於深海聲道「奇異」特點的一項是（ ）。

A. 深海聲道可以使聲音傳播到很遠而沒有減弱的跡象。

B. 在深海聲道中聲速基本上不再受溫度和海水壓力的控制。

C. 在深海聲道中傳播的聲音能折回聲道軸而能量不受損失。

D. 聲能在深海聲道中總是被限定在聲道上下一定的深度範圍內傳播。

4. 聯繫上下文，下列對文中畫線句子的理解，與原文意思不符的一項是（ ）。

A. 在聲道軸上方，隨海水深度的增加，海水溫度會越來越低，聲速也因此而越來越慢。

B. 在聲道軸下方，聲速和海水深度成正比，和海水溫度成反比。

C. 這樣的聲速差別正是使聲道軸上下方的聲音不斷折回聲道軸的重要原因。

D. 聲道軸上下方聲速的變化基本上是太陽照射和海水壓力影響的結果。

5. 根據本文提供的資訊，以下推斷正確的一項是（ ）。

A. 深海聲道形成於大洋深處，這就意味著海洋越深處，聲道軸上下方的範圍就越大，就越容易形成深海聲道，聲道效應也就會越明顯。

B. 深海聲道對聲波傳播非常有利，因此，誰控制了全球深海聲道，誰就能從某種程度上控制深海制海權，誰就能提升自身的軍事實力。

C. 聲道效應會受海底障礙的影響，如果人們想獲得某一聲道效應，可以在條件允許的情況下，採取必要措施清除障礙，以使聲道暢通。

D. 聲波竟然可以順著深海聲道環繞地球達半圈，所以我們可以建成環球深海聲道，並利用方向可控的聲波來發展通訊事業。

【練習四】

給信仰一個形式：
科隆天主教世界青年節引發的思考

巴黑撰，王鳳祝譯

教宗本篤十六世的第一次外國之行，就是回家，回到一片全然陌生的土地。若望保祿二世還鄉是真正意義的回家，那裏有百分之九十五以上的波蘭人和他分享共同的信仰。在本篤十六世的故鄉德國，天主教不過是一個尚且存在的宗教罷了，教堂裏空空蕩蕩，天主教徒的人數逐年遞減。

在德國科隆天主教世界節上，新教宗本篤十六世和一百萬來自世界各地的青年朝聖者一起探討天主教的未來。

情感可以取代認知？

科隆，昔日北方的羅馬。八月十六日至二十一日在這裏舉辦的天主教世界青年節，更像是一個沒有酒精的狂歡節。來自全球一百六十多個國家的一百萬朝聖者，揹著睡袋，揮舞著各國的旗幟，以信仰的名義佔據了這座城市的各個角落。不同的膚色，不同的種族，大街小巷充斥著類似巴別塔時代的混亂語言，到處都是歡歌笑語。

始創於一九八六年的天主教世界青年節的初衷是吸納更多的年輕信徒，堅定其信仰。朝聖者的數目，是衡量每屆青年節成功與否的標誌。為了吸引更多的年輕人參加，本屆青年節的主辦方德國天主教會，除了宗教活動之外，還為青年朝聖者提出了大量的音樂、電影、藝術和環境活動。教會並不僅僅是教條和戒律，信仰也是美麗的。

年輕的朝聖者們此行尋求的並不是天主教會的教義學說，他們更喜歡那些具有表現力的、戲劇化的、具有情感震撼力的宗教場景。走入氣氛炙熱的人群中，所有的感官都開啟著，信仰也變得感性起來。彷彿是一場足球比賽，也像搖滾音樂會的現場，彌漫在人群中的是界限消失後的欣喜若狂。天主教世界青年節也是一個單身者的聚會，來自不同國度的年輕人在這裏相識相戀。祈禱加熱吻的場面隨處可見，他們說：「這種做法並非不虔誠，沒有教宗，我們也不會相遇。」

在技術和商業統領世界的時代，天主教的現代化問題迫在眉睫。天主教作為西方傳統價值體系的載體，在許多人眼中，更多的屬於一個年邁、保守的人群。舉辦世界青年節，給信仰一個形式，是天主教為自身注入青春活力的一種嘗試。但是，一些教會人士並不認同這種討好年輕人、使信仰平庸化的做法，因為情感不能取代認知。

孤獨的學者本篤十六世

和前任教宗若望保祿二世相比，本篤十六世沒有被套上熠熠生輝的一個崇拜光環。顯然，他更適合留在書齋裏做一個孤獨的思想者，而不是聚光燈下的媒體明星。在梵蒂岡，他取消了若望保祿二世時代教宗的許多例行會面活動。每周三本篤十六世在聖彼得廣場的例行講話，被稱為「高深的神學研修課」，卻無法深入信徒的心。在二十一世紀，人們需要的不是深邃的思想，而是簡單的符號。在科隆天主教世界青年節上，本篤十六世無可避免地被符號化了。「我看見教宗了！」每一個親歷者都為那個模糊的白色影像歡呼雀躍。本篤十六世訪問科隆的猶太教堂，本篤十六世會見東正教、基督教、伊斯蘭教代表，本篤十六世與青年朝聖者共進午餐……一切都按照日程著密有序地進行，緊隨其後的是「宗教和解」和「宗教現代化」的注腳。

面對技術、商業、物質主義氾濫的時代，本篤十六世也有一去振興天主教的方案。其歐洲理念的核心是：宗教與文化，信仰與理性，共為一體。本篤十六世認為，天主教應該是介於世俗化和原教旨主義化之間的人類第三條道路。他給空虛的此岸世界開出的這劑時代藥方，承載的更多的是對昔日天主教西方文化的鄉愁。本篤十六世選用西方修道制度創始人的名字作為自己的名號

（昔日的聖本篤在羅馬的廢墟上創建修道院文化，之後在歐洲迅速傳播開來），修道院曾經是歐洲靈性的所在，也是文明成長的地方。

信仰的未來

天主教面臨的生存問題或者說現代化的問題，其實也是其他宗教面臨的共同問題。在科學面前，宗教的神聖早已被淡化。在現代社會，每一種宗教都必須面對其他宗教的存在，因而具有局限性。在國家的政治體系面前，宗教同樣顯得力不從心。

早在二十世界初葉，文化哲學家本雅明就提出「資本主義作為宗教」的概念。在現代社會，貨幣、商標逐步取代傳統傳社會中的宗教，成為信仰的載體－雖然這些辭彙所關涉的更多是「此岸」而非「彼岸」。哲學家薩弗蘭斯基(Rudiger Safranski)則對信仰的未來充滿信心：人對道德的超驗具有一種永遠的訴求，因為人不相信自己創造的路；人創造的道德不一定具有超驗的意義，因此人們才走近上帝。

社會學家哈伯瑪斯(Jurgen Habermas)也強調信仰對於現代社會的意義，信仰是「脫離軌道的現代化進程」的枴杖，是民主的「護腿襪」。只有構建於超驗坐標系之上的宗教理念，才能將人類從現代化的死胡同中拯救出來，這一理論現在重又引起人們的共鳴。

科隆教區的紅衣主教麥斯納(Jochim Meisner)對於天主教在歐洲的復興持有很樂觀的態度。他認為，這一代青少年是「形而上學的流亡者」，他們的父母大都是歐洲上世紀六十年代學生運動的親歷者。那一代上追求反叛、解放與自我實現，現在他們的孩子同樣要求反叛，卻不知道自己的精神家園在哪裏，這一代青少年中，許多人正在敲響天主教教區的大門。

但如一些宗教社會學家指出那樣，現代青年與天主教之間的鴻溝同樣是難以逾越的。一方面，本篤十六世和他的前任教宗若望保祿二世一樣，在避孕藥、禁慾、女性神職人員等方面，堅決不肯作出任何讓步。另一方面，電腦和互聯網的發展伴隨著新一代年輕人成長。他們更多的借助符號交流與溝通，而不是通過文字。在年輕人的文化視野裏並不缺少宗教標記和符號：掛在搖滾歌星胸野的十字架飾物、T恤上哲・古華拉的頭像等。對現在青年來說，宗教應該是感性、自助的。人們需要信仰，但不是天主教。天主教世界青年節期間，鴻溝也許會被暫時掩蓋起來，之後，一切又會恢復常態。

科隆郊外的聖母田野，夜幕降臨，白色的祭壇山在綠野中點亮，八十萬參加守夜活動的各國青年搖動著手中的燭火，齊聲歌唱。每一個人唇間都洋溢著笑意。

選輯及改編自巴黑撰，王鳳祝譯《給信仰一個形式：科隆天主教世界青年節引發的思考》，載於《明報月刊》(2005 年 10 月號)

1. 較諸若望保祿二世回鄉，本篤十六世回鄉有何不同？

A. 保祿二世的家鄉波蘭，國教是天主教，因此回鄉的感覺很好，本篤十六世回鄉就沒有這種感覺。

B. 保祿二世的回波蘭去就似在梵蒂岡，而本篤十六世回德國，就是去德國。

C. 本篤十六世的家鄉是德國，天主教只是一個宗教，回去沒有甚麼良友感覺可言。

D. 較諸若望保祿二世回鄉與本篤十六世回鄉，回鄉都是兩人的盼望。

2. 據文中第四段所述，怎見得「信仰也是美麗的」？

A. 在狂歡體現宗教之美。

B. 從年輕角度體現宗教之美。

C. 從多元化體現宗教的美麗。

D. 使朝聖者參與多元化的活動。

3. 據文中所述，天主教怎樣面對現代化的問題？

A. 給信仰一個形式。

B. 舉辦世界青年節。

C. 以認知取代情感。

D. 使信仰平庸化。

4. 以下哪些項目是人們對本篤十六世印象的描述？

甲.擁有信眾崇拜光環。

乙.一個知識份子。

丙.一個神學研修者。

丁.與年青朝聖者一起共進午餐。

戊.與傳媒進行例行活動。

己.每周三在聖彼得廣場例行講話。

A. 甲 乙 戊

B. 甲 乙 丙

C. 丁 戊 己

D. 丙 丁 己

5. 對於信仰的未來，天主教最難解決的問題是甚麼？

A. 面對科學的挑戰問題。

B. 與其他宗教共同存在的問題。

C. 面對自己的局限性的問題。

D. 面對人類生存的問題。

6. 在文中第十二段，作者說：「人們需要信仰，但不是天主教」，他的意思是甚麼呢？

A. 因為對於現代年青人來説，宗教充斥在他們四周，只有與他們的感情聯繫的宗教就會產生意義，但天主教是否可以滿足他們的需要呢？

B. 天主教與人們的需要是背道而馳。

C. 天主教是人們可以選擇的眾多宗教之一，人們不一定要選天主教。

D. 在世界青年節中，不少參加者是信奉其他宗教的年青人。

7. 以下哪句最適合作為全文的收結？

A. 無可否認，那一刻，人們是相通的。

B. 總而言之，宗教在於人類需要精神的寄託。

C. 只有當人共同分享的時候，宗教才具有意義。

D. 宗教就是人類追求心靈上的喜悦。

【練習五】

"Core Competence"，通行的中譯是「核心競爭力」，但它的準確譯法應該是「核心能力」。所謂「核心能力」不是公司獨有的某種技術或工藝，也不是公司內部某個人或某個部門的能力，而是指公司整合不同的生產技能和技術後形成的一種綜合能力，是公司集體學習、運作的結果。核心能力是內在的、無形的、本源性的，它難以被競爭對手所複製。一間公司憑藉核心能力才能持續為客戶提供獨特的價值和利益，才能不斷催生新產品、開闢新市場。

瞭解了核的基本含義，我們就能發現目前將"Core Competence"譯成「核心競爭力」的誤區所在。人們常常說，人們的注管道是我們的核心競爭力，某行銷人員一年銷售業績上千萬，它是公司的核心競爭力，豐富的勞動資源是公司的核心競爭力。在這裏，「核心競爭力」的譯法把意思過多地引向了「管道」、「勞動力資源」等外在的、有形的因素，而忽略了核心能力的內在性與本源性。一間公司在市場上有競爭優勢，並不一定表明該公司核心能力強，特別是當競爭的環境不公平，或當該公司採取不正當競爭手段的時候。

進一步說，當一間公司過分依靠外在因素在市場上表現出巨大的「競爭力」的時候，往往是這間公司的內在能力開始退化、衰減的時候。優越的資源對於一間公司、一個國家來說的確是一種福音，但同時也可能是一種「詛咒」。這讓人想起西方學者關於「石油的詛咒」的說法。由於可以賣石油，一些富油的國家不追求高效的經濟體制，不追求創新，他們就躺在石油上坐吃山空，對於這些國家而言，石油資源就成了一種詛咒。一間公司如果一味依靠外在優勢進行競爭或只專注於當下的競爭（如打價格戰），就難以逃脫這種被「詛咒」的命運。

因此，公司必須從關注外在、表層、有形和現在，轉向關注內在、深層、無形和未來。「核心能力」的概念體現的正是這種追求。核心能力的形成是一種由表及裏的、動態的、精益求精的過程。公司必須注意保持核心能力的活力，否則也難逃「被詛咒的命運」。能使公司在較長一段時間內獲得強大競爭優勢的「核心能力」，一旦讓公司形成路徑依賴，也會產生核心能力硬化的問題。當環境發生巨變時，公司因難以應對而猝然倒下。這就是「核心能力的詛咒」。

1. 下列對「核心能力」的理解，符合文意的一項是：

A. 核心能力與顧客所看重的價值和利益無關。

B. 核心能力不是指個人能力，而是指公司獨有的技術。

C. 核心能力被競爭對手複製的可能性很大。

D. 核心能力是一種綜合能力，它的形成不可能一蹴而就。

2.下列說法不符合文意的一項是：

A. 文中所謂的「核心競爭力」，是對「核心能力」這一概念的誤讀與誤用。

B. 公司如果一味依靠外在競爭優勢或只致力於當下競爭，其前途堪憂。

C. 勞動力資源豐富、行銷人員優秀能使公司在競爭中保持永久優勢。

D. 對於任何公司或國家來說，優越的資源都可能帶來負面的影響。

【練習六】

愛中國、愛中華文化 金庸

我們希望《明報月刊》堅持愛國主義，長期地繼續下去。一直到國家不存在了，民族不存在了，共產黨也不存在了，《明報月刊》還能繼續出版下去。各位嘉賓，各位朋友，大家好。我參加過很多酒會，但像這麼多文化人都在一起，我從來沒見過。我今天有種感覺，全香港的重要文化人、對中國文化有興趣的人都來參加了。《明報月刊》讀者現在遍及全世界，凡是對中國文化有興建的人，一定是《明報月刊》的讀者，一定都是很有學問的人。也不是說不讀《明報月刊》的人是沒有學問的（眾笑），不讀《明報月刊》的人，學問當然還是好的，但他對中國文化沒有多大興趣。這些人當然有，而且學問極好，然而是少數。

知己良朋濟濟一堂

能夠看見許多朋友來參加這個酒會，我是非常開心的。可以見到很多幾十年未見面的老朋友，亦看到很多喜歡《明報月刊》的新朋友參加；有很多是第一次見面，有些是知道名字很久了，但還是第一次見面。這次見面非常開心。

今天參加酒會的是香港的一些在文化界很有地位的人，但亦有一些有地位的人沒有來參加，可能他們沒工夫，也可能他們很忙，也可能他們對中國文化的興趣不怎麼高。

今天很感謝大家來，胡菊人先生他們更是遠道而來，非常難得。像丁友光先生，很久不見了，想到他對《明報月刊》的重大貢獻，他今天到來，我非常高興。《明報月刊》初辦時，許冠三先生、王句瑜先生、董橋先生、司馬長風先生、孫淡寧女士等等都出了力，今天他們沒有來，但我們都記得他們，感謝他們的功勞。

我當初辦《明報月刊》，可以這樣說，我知道文化大革命快開始了，所以我們辦這本月刊，講明要跟文化大革命對著幹：它反對的我們就贊成，它贊成的我們就反對，講明宣佈對著幹；當然中間經過很多困難。這樣過了四十年，現在《明報月刊》還是這樣子在全世界廣泛流行，而文化大革命卻過去了，也受到中國大多數文化人的否定。

延續創刊精神無懼虧本

剛才我聽張曉卿先生向大家保證，他一定繼續這個精神，讓《明報月刊》繼續辦下去。我非常非常感謝他，因為我們這本月刊從一創辦就聲明是不牟利的、不賺錢的，事實上是不斷虧錢的，到現在為止也很困難，我都知道。我們對《明報月刊》有這樣一句話：《明報月刊》是不賺錢的。四十年來一份刊物一直虧本，因為有明報集團在後面支持它。張先生剛才說，他會繼續努力把雜誌辦下去，所以我要感謝他，感謝他因為知道不賺錢去要來維持這一份刊物，這是不太容易的事情。

人家不知道明報集團這樣艱苦，不去了解它，說它從小到大，以為只是從一家普通報紙，到發展成功－他的眼光太低了。其實他背後有很大的理想在裏面。辦一本不賺錢的雜誌，一辦就四十年，本身就不太容易了。現在張先生答應繼續辦《明報月刊》這一本不賺錢的、文化性的刊物，是一件非常不容易的事情，我對張先生和明報集團的仝人繼續做這種工作，表示衷心的感謝。

我很高興地看到在一個公開投票中，公信力最高的是《明報》，聽到這個消息我很高興，我想《明報月刊》也有一定的功勞。

我最後一句要講的話就是，我們當時辦《明報月刊》這本文化性、思想性、知識性的刊物，宗旨是「愛中國」、「愛中華文化」。按現在對國家的定義，一般講，國家有人民、有土地，最主要還有文化，包括語言、生活習俗等等的民族傳統。我們中國向來說，蠻夷和華夏主要是文化不同；接受華夏的文化就是華夏，華夏如果接受蠻夷的文化就是蠻夷。我們堅持愛中華文族的文化，堅持愛國、愛中華文化這個中華。我們希望《明報月刊》堅持愛國主義，長期地繼續下去。

已經有四十年了[1]，六十年、八十年地再辦下去，一直到國家不存在了，民族不存在了，共產黨也不存在了，《明報月刊》還能繼續出版下去，謝謝各位。

選輯及改編自金庸《愛中國、愛中國文化》，載《明報月刊》(2006 年 4 月號)

1. **作者說「不讀《明報月刊》的人，學問當然還是好的，但他對中國文化沒有多大興趣」以下哪項最可說明作者說這句話的目的？**

   A. 作者認為讀《明報月刊》的人對中國文化也有興趣。

   B. 作者指出《明報月刊》除了有豐富知識之外，還載有甚濃的中國文化。

   C. 作者表不辦《明報月刊》是先有獨特的讀者群為基礎的。

   D. 作者說這句話的目的只是酬謝歷來支持《明報月刊》的讀者。

2. 作者說「我當初辦《明報月刊》，可以這樣說，我知道文化大革命快開始了，所以我們辦這本月刊。」以下哪項是作者說這句話的原因？

A. 指出普通人們認同《明報月刊》的編輯方針。

B. 指出文化大革命沒有《明報月刊》這樣長久。

C. 指出《明報月刊》的角色是與文化大革命抗衡。

D. 表明自己不怕文化大革命。

3. 文中的[1]是以下哪一句？

A. 以後再有四十年

B. 沒有這樣長罷

C. 也許就是這四十年

D. 沒有大家的努力

【練習七】

胡錦濤延後訪美之得失　丁果

胡錦濤就任國家主席之後的首次訪美行程可謂好事多磨，頗具戲劇性。一開始，國際輿論都糾纏在胡錦濤是去小布殊的德州牧場作「私人工作訪問」，還是去華盛頓享受二十一響禮炮的「國賓」待遇，還有人笑北京捨棄胡、布發展私交的機會，而選擇要面子的「國事訪問」；隨後，圍繞著訪問的規格問題，媒體又興風作浪，小題大做。當一切定局之後，由於美國新奧爾良颶風災難嚴重，中美終於敲定延後正式訪問，改為通通電話，以及在聯合國峰會後舉行中美高峰會。

延後訪美有利胡錦濤的北美外交

胡錦濤延後正式訪問的決策是相當明智的。一方面美國媒體正把注意力集中在颶風災情上，屆時不可能對胡的訪問報導得很熱。同時，在美國人的生命財產遭到巨大損失的時候，胡錦濤去接受二十一響禮炮，效果也不會太好。更重要的是，小布殊在救災問題上遭受強烈批評：美軍可以在那麼短的時間內征服巴格達，國內救災為何遲遲不動？胡錦濤如果此時訪美，有可能成為小布殊轉移媒體焦點的牌，對自己有害無利。

再說，雖然延後，胡錦濤還是去了，舞台是聯合國，以及北美自己貿易區的另外兩個國家的加拿大和墨西哥，這反而給胡錦濤的北美外交有更大的空間。參加聯合國高峰會，是為了突顯中國仍然是發展中國家領袖的角色，同時又提醒國際社會，中國是二戰中正義一方的代表，是以聯合國為主的國際秩序的開創者之一。為了體現這個角色的一致性，胡錦濤必須與日創世界唯一超強的美國拉開一定的距離，更重要與對聯合國作用頗不以為然的小布殊拉開一定的距離。

胡錦濤避開了會受媒體更多關注的訪美高峰會，將自闡述中國和平崛起資訊的舞台放在聯合國，比去向美國總統解釋中國不會成為世界威脅的效果更好。同時，胡錦濤刻意與前任江澤民走訪德州牧場的作秀模式拉開距離，避免給人以親美的印象，也有助於在十月召開的中共五中全會上立威。

由此可見，胡錦濤的這次北美訪問，既不是類似前任江澤民的「作秀之旅」，也根本不同於朱鎔基的「消氣之旅」，與溫家寶的「工作之旅」也不一樣。作為中共新一代的領導人，他要在聯合國空有胡錦濤時代的來臨，並將胡錦濤時代中國發展的路向及角色定位向世界亮相，以此來突破中國威脅論的圍堵，宣示中國和平崛起的戰略，藉以爭取更多的中國「知音」和「同盟者」。

在美國周邊築起一道反圍堵線

不容否認，今天的中美關係是世界上最重要的國際雙邊關係，與美國周旋，是考驗胡錦濤外交實力的試金石。本來為了搞好這次訪美，北京不但送了人民幣升值的大禮，也對解決中美紡織品貿易糾紛大開綠燈，更準備親自走訪西雅圖，參觀波音公司以經濟牌來抵銷美國的政治壓力，紓解美國民眾對中國崛起的擔憂。

但是，延後正式訪美，通過聯合高峰外交，見了小布殊，收穫了訪美之實。但在外交禮儀上，卻通過與小布殊拉開距離，名副其實地將中國外交做到了美國的家門口，做到北美自由貿易區去。胡錦濤在加拿大、墨西哥受到了最高規格的接待，建立了所謂全面戰略夥伴關係。在美加自由貿易因軟木糾紛發生重大衝突、墨西哥非法移民衝擊美國、北美自己貿易可能解體的時刻，胡錦濤向加、墨兩國示好，如果説想挖美國的「牆腳」，真可謂是「天賜良機」。加上之前胡錦濤對拉美國家的訪問，中國也在美國的周邊築起了一道「柔性」的反圍堵線，以此來抗衡美國在中國周邊拉起的「硬性」圍堵鏈條。

真正成效有待中全會確認

在與小布殊的會面中，胡錦濤還使用了最好的策略，那就是坦承中美貿易逆差，承諾幫助美國減少貿易赤字，這種銀彈政策，正是要給美國，尤其是給美國人民實惠。藉著中國龐大的市場和經濟高速增長的優勢，經濟牌今天已經成了北京領導中手無往不利的武器，這比美國的「大棒政策」更能贏得好的國際聲譽。

胡錦濤的外交謀略不可謂不細緻，而延後訪美更是「歪打正著」，使北京對美外交有了更大的自信和靈活性。當然，胡錦濤在聯合國和北美宣示中國和平崛起和願意承擔全球責任，也必須用內政的寬容和民主化來作注腳，才能收到雙倍的功效。由此可見，胡錦濤這次北美行的真正成效，還必須先在即將來臨的中共五中全會上得到確認。

選輯及改編自丁果《胡錦濤延後訪美之得失》，載於《明報月刊》(2005 年 10 月號)

1. 作者認為胡錦濤就任國家主席後首次訪問美國雖然「好事多磨」，但「頗具戲劇性」，以下哪項最能支持他的說法？

A. 因為胡錦濤此行遇上風災，結果還是可以跟布殊在其他場合會面。

B. 因為媒體在過程中興風作浪，與美國的風災互相輝映。

C. 因為胡錦濤的原意是私人訪問，卻弄成國賓外交。

D. 因為胡錦濤此行所遇事件均在意料之外，所作安排多是人力範圍以外。

2. 較諸訪問美國，胡錦濤訪問加拿大及墨西哥最重大的意義是甚麼？

A. 建立北美外交更大的空間。

B. 建立全面戰略夥伴關係。

C. 想挖美國的牆腳。

D. 拉近與拉美國家之間的關係。

3. 與江澤民等領導人相比，胡錦濤此次北美之行對中國而言取得最大的成果是甚麼？

A. 他堅持不作作秀之旅，而要取得實質結果。

B. 他要向全世界宣佈胡錦濤年代已經降臨中國。

C. 他要宣示中國已和平崛起。

D. 他要為中國在國際間建立網絡。

4. 為了搞好是次訪美之行，中國作出不少準備，以下哪些是正確的描述？

甲. 坦承中美貿易逆差，承諾幫助美國減少貿易赤字。

乙. 人民幣升值。

丙. 解決中美紡織品貿易糾紛。

丁. 準備親訪西雅圖，參觀波音公司。

戊. 幫助小布殊解決國內救災問題。

A. 甲 乙 丙

B. 乙 丙 丁

C. 甲 戊

D. 丙 戊

【答案】

練習一：　(1)D　(2)C　(3)C　(4)B　(5)A

練習二：　(1)B　(2)B　(3)C　(4)D

練習三：　(1)D　(2)A　(3)B　(4)B　(5)C

練習四：　(1)B　(2)C　(3)A

(4)D。由於：甲 沒有、乙 只是留在書齋裏的人，知識份子就不太準確、戊 沒有

(5)C　(6)A　(7)A

練習五：　(1)D　(2)C

練習六：　(1)B　(2)C　(3)A

練習七：　(1)A　(2)B　(3)D　(4)B。戊，沒有資料

閱讀理解

II. 片段／語段閱讀

考生須閱讀個別片段／語段，回答選擇題。此部份測試考生能否判斷該段文字的含義或引申出來的觀點，找出支持或否定某些觀點的選項，或選出最能概括該段文字的一句話等。

閱讀文章，根據題目要求選出正確答案。

1. 在平面電視大行其道的今天，一種比其薄十幾厘米、仿其外形的超薄顯像管電視出現在家電賣場中，但由於價格比平面電視貴近千元，這種超薄顯像管電視一上市就遇到了銷售尷尬情況。這段話想說明的是：

   A. 平面電視將繼續佔據電視市場的主流

   B. 目前超薄顯像管電視的市場定位不夠明晰

   C. 跟平面電視相比，超薄顯像管電視不具有競爭優勢

   D. 跟超薄顯像管電視相比，平面電視更符合消費者的現實需求

2. 專家認為，如果汽車技術行業經過長年的研發能降低3%的油耗，就可以算是非常顯著的研究成果了；但即使是能降低3%的油耗，對實際生活中的消費者來說也不太明顯。而且汽車生產廠家在不影響加速動力性的情況下，已經在盡量省油，目前生產的汽車在節油和動力方面的效果已經達到了最佳配置比。根據這段話，以下說法正確的是：

   A. 汽車消費者對能否節約3%的汽油不在乎

   B. 目前生產的汽車已經達到了最佳的制動效果

   C. 無論汽車技術怎麼發展，節油效果都不會很顯著

   D. 在節油和動力的最佳配置比方面再尋求突破難度很大

3.《米莉茉莉叢書》是吉爾·比特專為4至8歲的兒童編寫的讀物，其創作靈感來自個人的生活體驗及對兒童早期教育的獨特理解。她以米莉、茉莉這兩個膚色不同的小女孩為主人翁，講述了她們的成長故事。叢書中每一個故事都有獨立的主題，蘊涵對孩子潛移默化的教育目的。作者吉爾· 比特認為書中傳達的這些個性和素質，對於地球上任何國家任何膚色的孩子都是適用的。這段話主要介紹了：

A. 誰適合讀《米莉茉莉叢書》

B.《米莉茉莉叢書》的特點

C.《米莉茉莉叢書》作者對該書的評價

D.《米莉茉莉叢書》的主要內容

4. 我們不能簡單地認為詞典的編纂者不對，他們對詞典的用法做出改動不會是隨意的，想必經過了認真的研究推敲。不過，詞典編纂者不能忽視一個基本事實以及由此衍生的基本要求：語言文字是廣大人民群眾共同使用的，具有極為廣泛的社會性，因此語言文字的規範工作不能在象牙塔裡進行，而一定要走群眾路線。這段話的「基本要求」指的是：

A. 詞典編纂者不能對詞彙的用法隨意改動

B. 詞典編纂者應該熟悉詞典編纂的具體過程

C. 語言文字的規範工作要為廣大人民群眾服務

D. 語言文字的規範工作因由廣大人民群眾來決定

5. 有關權威人士表示，13億人口規模的到來，使我國人口和計劃生育工作面臨新的嚴峻挑戰。現在是人口低增長率、高增長量並存的時期，人口規模龐大的基本國情沒有變，目前的低生育水平並不穩定，出生人口性別比持續升高，流動人口、老齡人口將進入高峰期，勞動力人口劇增給充分就業增添了明顯壓力。根據這段話，可以得出的結論是：

A. 近年來我國人口增長率持續升高

B. 近年來我國人口增長量持續升高

C. 我國老齡人口佔總人口的比例將增加

D. 我國人口持續增長的趨勢將得以改變

6. 科學家發現大腦灰質內部的海馬體能充當記憶儲存箱的功能，但是這個儲存區域的分辨能力不強，對相同的大腦區域的刺激，可以讓它產生真實的和虛假的記憶。為了把真實的記憶從虛假記憶中分離出來，研究人員提出了通過背景回憶來加強記憶的方法。如果某些事情沒有真正發生過，就很難通過這種方法加強人腦對它的記憶。這段文字主要講述的是：

A. 真實記憶和虛假記憶的關係

B. 分辨真實記憶和虛假記憶的方法

C. 大腦灰質內部海馬體的作用

D. 虛假記憶是如何產生的

7. 在公路發展的早期，它們的走勢還能順從地貌，即沿河流或森林的邊緣發展。可如今，公路已無所不在，狼、熊等原本可以自由游蕩的動物種群被分割得七零八落。與大型動物的種群相比，較小動物的種群在數量上具有更大的波動性，更容易發生雜居現象。這段話主要講述的是：

A. 公路發展的趨勢

B. 公路對動物的影響

C. 動物生存狀態的變化

D. 不同動物的不同命運

8. 在國外，很多遺傳、傳染類疾病屬於公民私隱範疇，而在我國，有些機構隨意披露公民這些私隱的現象還相當普遍，法律對此還缺乏相關的規定和有效的保護，導致這些私隱被披露後無法獲得司法救濟。通過這段話，作者想表達的是：

A. 我國的有關機構應嚴格保護公民病情私隱

B. 我國公民的個人私隱保護意識還比較薄弱

C. 我國有關保護個人私隱的法律制度亟待完善

D. 在醫療方面，我國和其他國家還有一定差距

9. 關於颱風預報的準確率，儘管我國這幾年在探測設備方面投入較大，數值預報也常換崗，而我國擁有一支認真負責、具有多年實踐經驗的預報員隊伍，彌補了探測設備和數值預報方面的不足。通過這段話，我們可以知道：

A. 國外的預報員不如我的預報員工作認真

B. 探測設備和數值預報決定了颱風預報的準確率

C. 颱風預報的準確率也受預報員本身情況的影響

D. 我國的颱風預報準確率與發達國家相比還有很大差距

10. 聽莫扎特的音樂據說能夠提高智商，這被稱為「莫扎特效應」。無論「莫扎特效應」有無這樣的神奇效果，音樂在陶冶情操、撫慰心靈上的作用正在逐步顯現出來。人類離不開音樂也是顯而易見的事實。通過這段話，可以知道的是：

A. 作者認同「莫扎特效應」

B. 作者認為音樂能提高智商

C. 看不出作者是否認同「莫扎特效應」

D. 音樂在大腦的開發方面起關鍵作用

11. 運動損傷後，經過一段時間的治療和休息，腫脹、疼痛症狀逐漸消失，許多人以為完全康復了，其實不然。在損傷恢復的後期，仍要在不加重疼痛的前提下，加強受傷部位的功能性鍛煉，防止受傷部位因長期代謝障礙而引起組織變形或功能改變，只有這樣才能徹底康復。根據這段話，理解正確的是：

A. 運動損傷後要經過長時間的治療和休息

B. 功能性鍛煉是運動損傷的輔助治療手段

C. 損傷恢復後期是進行功能性鍛煉的最佳階段

D. 根據疼痛症狀是否消失足以確定病人是否康復

12. 書是讀不盡的，即使讀盡也是無用，許多書都沒有讀的價值。多讀一本沒有價值的書，便喪失可讀一本有價值的書的時間和精力。作者想要表達的觀點是：

A. 讀書要少而精

B. 讀書須慎加選擇

C. 讀書多了無益處

D. 讀書常會得不償失

13. 李廣是西漢名將，號稱飛將軍。關於他射石一事見於《史記》，現抄錄如下：「廣出獵，見草中石，以為虎而射之，中石沒鏃。視之，石也。因復更射之，終不能復入石矣。」雖然都是全力而為，結果卻大不一樣，這其中的道理不難理解。李廣開始誤把石頭當成老虎，由於關係到生死，體內的潛能全部被激發出來，所以他能把箭射入石頭中，待到他弄清那只是一塊石頭而不是老虎後，心態已經發生變化，所以不管他再如何用力，但射出的箭「終不能復入石矣」。這段話告訴我們：

A. 人的潛能是無窮的

B. 李廣把箭射入石頭是僥幸

C. 只要努力沒有辦不成的事

D. 激發潛能有利於取得更大的成就

14. 這是最好的城際競技場。每一次申辦承辦，都是一次巧妙的城市公關。對於新生顯貴而言，這的確是千載難逢的登堂入室的絕好台階。國際奧委會委員們在每一張選票上，並不是單純的打勾劃叉，他們亦在譜繪世界風雲榜上城際間的升跌走勢圖。這段話意在表明：

A. 國際奧委會委員們投票決定承辦奧運會的城市

B. 公關工作是申辦和承辦奧運會成功的關鍵所在

C. 申辦和承辦奧運會是世界城市之間互相較量實力的體現

D. 申辦和承辦奧運會是新興城市進入國際舞台的絕好契機

15. 如果把地球的歷史濃縮為一個小時，至最後15分鐘時，生命方粉墨登場。在還剩下6分鐘的時候，陸地上開始閃現動物的身影，而當第58分鐘到來，一切大局已定。這段話意在表明：

A. 地球的歷史很長

B. 地球生命的歷史很長

C. 地球生命出現的時間是相當晚的

D. 地球的歷史如一個小時一樣短暫

16. 螞蟻是所有動物中最愛尋釁和好戰的物種，尤其是以肉食為主的「狩獵蟻」。「狩獵蟻」的外交政策是永無休止的侵犯、武力爭奪地盤，以及盡其所能地消滅鄰近群體。由於其數量龐大，所以打起仗來，常常爭得你死我活，場面十分壯觀。特別是在食物短缺時，與其他群體的衝突則會達到高潮。早春時節，當群體開始發育的時期，「狩獵蟻」還會襲擊其他種類的螞蟻，爭鬥的結果總是以「狩獵蟻」的勝利而告終。這段話直接支持這樣一種觀點，即：

A. 狹路相逢勇者勝

B. 槍杆子裡面出政權

C. 弱肉強食，適者生存

D. 進攻是最有效的防守

17. 自然資源稀缺，產權就非常重要。因為產權明確，人們再也不會超負荷放牧。到發達國家農牧業地區看過的人都知道，分割牧場使用的都是鐵絲網，這全是君子界線，堵不住小人。但是在一個法制的社會，這種防君子不防小人界線，是具有法律權威的。難怪有一本書說鐵絲網是19世紀人類社會十大發明之一。下面不符合這段話所表達的意思的是：

A. 產權的劃分要有法律來保障

B. 鐵絲網只有在法制社會才起作用

C. 法律能約束君子但不能約束小人

D. 產權明確可以防止自然資源的過度開發

18. 有時候律師的辯護很可能開脫了兇手，有損公共道德，但他們「完美」的法律服務沒錯。因為法治之法是中性的，它超越道德；而「平等對抗」的訴訟程序，須保證被告人享有他所購買的一切法律服務。即使被告人真是兇手，律師幫他勝訴獲釋，正義受挫，從法制或「程序之治」的長遠利益來看，這也還是值得的，失敗了的正義可以在本案之外。對這段話的正確理解是：

A. 法制與道德是相互對立的

B. 在一個單一的案件中找不到正義

C. 維護法制程序的意義大於一時的伸張正義

D. 為了保證法制程序的實施，律師常常不得已而為之

19. 改革開放以來，確實出現了富豪階層。然而，這個階層與廣大的人民群眾相比，畢竟是鳳毛麟角。中國的奢侈品消費增長點主要還是在「中產階級」身上，是他們的超前消費，支撐了奢侈品市場。而中國目前的「中產階級」，無論從收入水平、消費能力還是消費結構上看，都遠不能與發達國家的中產階級相比。這段話想表達的主要觀點是：

A. 富豪不是我國消費者的主體

B. 我國的「中產階級」引導着消費潮流

C. 我國的「中產階級」个同於發達國家

D. 我國的「奢侈品時代」還遠沒有到來

20. 逆差與順差，應當辯證地看，貿易平衡永遠是相對的、動態的。中美經貿關係是雙贏而非零和，經濟互補性注定了美對華逆差將是一個長期問題。今後，中美兩國參與全球化和產品內分工的程度會繼續加深，只要不改變現行統計方法，美對華逆差仍將持續，而中美經貿規模也仍將不斷擴大。這段話表達的核心觀點是：

A. 中美經濟是互補的

B. 逆差還是順差要看使用的統計方法

C. 美對華貿易逆差不會改變

D. 美對華貿易逆差不應影響中美經貿關係

21. 時代的場景變化太大了，要讓年輕一代真正記住歷史，不能停留在概念式的說教上。真正完整有效的歷史教育，是應當融會在生活之中的。它不應當僅僅是在紀念館裡才能看到，只是在書本中才能讀到，它還應當以豐富、適當的形式滲透到我們居住的街區和生活的種種場景之中，這樣才能在耳濡目染中化為整個民族的「集體記憶」。對這段話的準確概括是：

A. 歷史教育的重要意義

B. 歷史教育的形式應當生活化

C. 歷史教育隨時隨地都可以獲得

D. 歷史存在於民族的集體記憶中

22. 作為整體，中國在世界上舉足輕重；但作為個人，不少中國人還覺得自己一無所有。國家之強和個人之弱使一些人心理失衡，覺得自己活得還是像半殖民地時代受人家欺負的受害者。正因如此，我們更需要對自己生存的狀態有理性的認識，克服狹隘的「受害者情結」。否則，崛起的中國將難以擔當與自己的國際地位相稱的責任。這段話談論的核心意思是：

A. 中國急需提高國民的個人地位

B. 中國人需要調整自己的心理狀態

C. 中國人為什麼有「受害者情結」

D. 崛起的中國要承擔相應的國際地位

23. 經過百年的衰落，南水北調工程也許是大運河的最後一次機遇，倒流的長江水再次串聯起大運河的主要部分，生氣就此顯現。一百年來大運河只是在等待一次讓它融入新的文明中的機會。大運河已經有兩千五百年的歷史，它並不害怕改變，但是如何改變卻掌握在現代人的手中。段話的主旨是：

A. 倒流的長江水再次使大運河呈現生機

B. 歷史悠久的大運河已經衰落了一百年

C. 大運河如何改變掌握在現代人的手中

D. 南水北調工程是改變大運河命運的重要契機

24. 幽默使人如沐春風，也能解除尷尬。一個懂得幽默的人，會知道如何化解眼前的障礙。我們有時無意中讓緊張代替了輕鬆，讓嚴肅代替了平易，一不小心就變成了無趣的人。對這段話，理解不準確的是：

A. 緊張的生活需要幽默調劑

B. 許多人在生活中不擅長使用幽默

C. 生活中，幽默可以化解許多難堪

D. 有情趣的生活，是因為有了幽默

25. 晚清時期，封閉的清政府開始設立「同文館」，聘請外國人教授英語等外語，其目的主要是在與列強簽訂不平等條約時盡可能少受蒙騙。但這種最嚴格限定在技術層面的語言修習，卻突進到科技、文化、思想及至意識形態領域，最終引致中國「千年未有之大變局」。語言的交流往往會帶來意外的收穫，這讓人們有了更多的期待。對這段話，理解不準確的是：

A. 天真的初衷，意外的結果

B. 壞事有時也會變成好事

C. 語言交流能促進社會進步

D. 掌握一門外語如同打開一扇窗戶

26. 每個人都有命運不公平和身處逆境的時候，這時我們應該相信____。許多事情剛開始時，絲毫看不見結果，更談不上被社會所承認。要想成功就應付諸努力，既不要煩惱，也不要焦急，踏踏實實地工作就會得到快樂。而一味盯着成功的果實，肯定忍受不了苦幹的寂寞，到頭來只會半途而廢，甚至一無所獲。填入橫線上最恰當的是：

A. 好事多磨

B. 一分耕耘一分收穫

C. 冬天已來臨，春天還會遠嗎

D. 道路是曲折的，前途是光明的

27. 在八國峰會召開前夕，英國媒體認為這次八國會議，在溫室氣體排放問題上，歐美都將爭取中國的支持。中國現在是僅次於美國的全球第二大溫室氣體排放國，其溫室氣體排放量約佔全球排放總量的15%，而且這個數字仍在上升。在聯合國發起的《京都議定書》中，中國也被歸類為發展中國家，因此不受該條約中減少溫室氣體排放要求的約束。對歐美要爭取中國的支持的原因，表述最準確的是：

A. 中國的溫室氣體排放量居世界第二，並逐年增加

B. 中國具有較大世界影響力，但尚未加入《京都議定書》

C. 中國在發展中國家中經濟最有潛力，對歐美國家經濟影響巨大

D. 中國排放溫室氣體量大，但不受《京都議定書》中的條約約束

28. 現代社會似乎熱衷談論「大師」，越沒有「大師」的時代越熱衷於談論「大師」，這也符合物以稀為貴的市場原則。但「大師」，尤其是人文類的「大師」，一定是通人，而不僅僅是「專家」。但人為的學科分割，根本不可能產生「大師」，只能產生各科「專家」。學術文化真正的全面繼承與發展，靠的是「大師」而不是「專家」。「專家」只是掌握專門知識之人，而「大師」才是繼往開來之人。缺乏「大師」，是學術危機的基本徵象。這段話支持的觀點是：

A. 沒有「大師」，社會就不可能進步

B. 社會關注錯位，並不存在所謂的「大師」

C. 人為的學科分割導致了社會缺乏「專家」和「大師」

D. 「專家」不一定是「大師」，而「大師」必然是一個「專家」

29. 今年，11名高考「狀元」因面試成績不理想被香港大學拒之門外。這與內地高校追逐高分考生、為招收到「狀元」而津津樂道、各地大捧高考「狀元」等現象形成了鮮明的對比。此舉引來軒然大波，媒體紛紛將矛頭指向「應試教育」。筆者認為，香港大學招生和「素質教育」並沒有太大的直接關係，他們只是按照自己的要求錄取學生，這種標準只是香港的標準，至於是否最優抑或是否適合內地情形，那就是見仁見智了。作者支持的觀點是：

A. 香港大學的錄取標準並不是挑選學生的最佳標準

B. 香港大學有自主招生的權利，媒體不應過多批評

C. 香港大學選擇學生的標準並不與內地現有情形相符

D. 香港大學不錄取「狀元」的原因是他們不符合該校的錄取標準

30. 人文教育從表面上看，好像只是傳授文史哲方面的知識，尤其是在現在的學科體制下，一切教育似乎都可以量化為客觀知識和能力，如英語的等級考試。實際上人文教育是通過對文史哲的學習，通過對人類千百年積累下來的成果的吸納和認同，使學生有獨立的人格意志，有豐富的想像力和創造性，有健全的判斷能力和價值取向，有高尚的趣味和情操，有良好的修養和同情心，對個人、家庭、國家、天下有一種責任感，對人類的命運有一種擔待。這段話表達的主要觀點是：

A. 英語的等級考試是為大眾所熟悉的一種人文教育

B. 人文教育的主要內容是傳授文史哲方面的知識

C. 在目前的學科體制下，人文教育可以量化為客觀知識和能力

D. 人文教育的目的包括人性境界提升、人格塑造以及個人與社會價值實現

31. 數碼圖書館是計算機技術、多媒體技術、網絡技術和其他相關技術發展的產物，有着傳統圖書館無法比擬的優勢和特徵，其服務的範圍大大超出圖書館的圍牆。凡網絡所聯之地，均可使用，可實現全天候、全自動、智能化的服務。近年來，數碼圖書館的建設和研究在國內取得了很大的發展，包括公共圖書館、高校圖書館以及各類情報機構等，相繼開展了各類不同規模的數碼圖書館建設，為用戶提供形式多樣的服務。對這段話概括最準確的一項是：

A. 數碼圖書館代表了未來圖書館的發展方向

B. 數碼圖書館具有很多優勢，在國內發展很快

C. 國內數碼圖書館的建設和研究取得了很大發展

D. 數碼圖書館具有傳統圖書館無法比擬的優勢和特徵

32. 最近科學考察結果表明，北冰洋歷史上曾經是一個很溫暖的地方，物種非常豐富。此外，根據對海底沉積岩層的取樣分析認為，北冰洋海底也許是一個巨大的石油儲藏地。根據科學家的研究，圍繞北冰洋周邊，從美國阿拉斯加州的北端到歐洲北部的大陸架，都可能有豐富的石油儲藏。對這段話，理解不準確的是：

A. 北冰洋是否有石油儲藏目前還沒有確定

B. 科學家對北冰洋的歷史狀況進行了深入分析

C. 研究表明，歐洲北部大陸架有豐富的石油儲藏

D. 北冰洋可能會成為其周邊國家關注能源的一個熱點地區

33. 大袋鼠是一種奇特的動物。它們平時在原野、灌木叢和森林地帶活動，靠吃草為生。它們過群居生活，但沒有固定的集群，常因尋找水源和食物而彙集成一個較大的群體。老鷹、蟒蛇和人們都要捕捉袋鼠，然而對袋鼠來說最大的危害莫過於乾旱，幼小的袋鼠會死亡，母大袋鼠會停止孕育。

下面說法正確的是（ ）。

A. 有的大袋鼠單獨行動

B. 大袋鼠常聚集在一起尋找水和食物

C. 威脅大袋鼠最嚴重的是人們的捕捉

D. 遇到乾旱，袋鼠都會死亡

34. 電子遊戲為我們展現了一個不同於現實生活的新世界。人們在遊戲裏取得的成功是可以清晰定義而且是可以實現的。玩家可以在遊戲中控制整個世界，從而擺脫現實生活中的焦慮感，使自己的行為在虛擬世界中變得舉足輕重，成為一名英雄，遊戲結束，他並沒有真的輸掉或贏得什麼東西。

這段話直接支持這樣一種觀點，即（ ）。

A. 電子遊戲完全是虛擬的東西，人們在其中不會真正得到或失去什麼

B. 人們可通過電子遊戲在真實世界和欲望世界之間尋得一種折中

C. 人們在遊戲裏的成功是清晰和可實現的，因而不是虛擬的

D. 遊戲讓人們不付出代價，輕鬆地滿足成就感

35. 鋼鐵被用來建造橋樑、摩天大樓、地鐵、輪船、鐵路和汽車等，被用來製造幾乎所有的機械，還被用來製造包括農民的長柄大鐮刀和婦女的縫衣針在內的成千上萬的小物品。

這段話主要支持了這樣一種觀點，即（　）。

A. 鋼鐵是一種反映物質生活水平的金屬

B. 鋼鐵具有許多不同的用途

C. 鋼鐵是所有金屬中最堅固的

D. 鋼鐵是惟一用於建造摩天大樓和橋樑的物質

36. 儘管國際上對此存在很多爭議，意大利文化部門還是決定用蒸餾水清洗米開朗基羅的曠世傑作《大衛》雕像上的塵土和油污。佛羅倫斯博物館的負責人說：「這項工程並不是為了讓雕像變得好看。」意大利文化部長已經排除了乾洗的可能性。

國際上對此存在很多爭議的「此」指的是（　）。

A. 《大衛》雕像是米開朗基羅的曠世傑作

B. 這項工程是為了讓雕像變得更好看

C. 決定用蒸餾水清洗《大衛》雕像

D. 要除去這座高達4.5米的雕像上的塵土和油污

【答案與解釋】

1. 答案： D。材料通過超薄顯像管電視與平面電視價格與銷售情況的比較説明平面電視更符合消費者的現實需求。

2. 答案： D。有些題目的解答需要根據文字所提供信息進行合理的推斷，本題即是如此。從文中“目前生產的汽車在節油和動力方面的效果已經達到了最佳配置比”可推知D正確。而A與C過於絕對，B項內容文中沒有提及。

3. 答案： B。在做公務員考試試題時需要注意題目中的關鍵信息。本題題目問句中的關鍵詞是“主要”。A、C、D的內容文中都有提及，但並不是本段文字的主要內容。

4. 答案： C。分析段落結構可知，“基本要求”與後面形成指代關係，即“一定要走群眾路線”，因此首先排除A和B，而比較C和D，走群眾路線應指為大人民。D在文中沒有依據，故錯誤。群眾服務，故選C，而非D所指由廣大人民群眾決定。

5. 答案： B。此題可用排除法。文中指出我國人口現狀是“低增長率、高增長量”，據此A錯誤，B正確，為應選項。文中説“老齡人口將進入高峰期”，無法推出我國老齡人口佔總人口的比例將增加的結論，故C錯誤。

6. 答案： B。這段話出現了“為了……”，這個詞語提示了這段文字談論的對象。“為了”是一個目的關係連詞。根據“為了把真實的記憶從虛假記憶中分離出來”，可以知道主要談論的是分離方法。又因為後一句的主語是研究人員，所以可以確定選項B是正確答案。選項A的內容文字中沒有涉及，不正確。選項C的內容處於“為了”之前，不是這段文字的主要內容，不正確。選項D提到了“為了”前的部分內容，也不正確。

7. 答案： B。本段話主要講述公路大型動物（如狼、熊及較小動物的影響。因此，A和C沒有完全涵蓋本段的意思，比較片面。D超出了本段文的意思。

8. 答案： C。本段文字的重點在於指出公民的病情私隱被某些機構隨意披露後得不到法律救濟的現象，借以表達我國對公民私隱保護的法律制度尚不完善，需要改進。因此，A和B不夠準確，而D屬於無關項。

9. 答案： C。本段是一個轉折結構的段落，其重點在於第二句，即強調預報員對於颱風預報準確率的影響。因此，C正確。而從本段文字中，並不能得出A的結論，而B與D則過於片面。

10. 答案： C。此題可用排除法。從“無論「莫扎特效應」有無這樣的神奇效果”一句，可以排除A和B；文中只是説“音樂在陶冶情操、撫慰心靈上的作用正在逐步顯現出來”，而D卻説音樂在大腦的開發方面起關鍵作用，顯然後與文中不符，故排除D。

11. 答案： B。解答言語理解和表達部分的試題的另一個有效方法是指抓住文中的關鍵詞語。本題的關鍵詞語是“功能性鍛煉”和“徹底康復”據此，顯而易見，B為正確。

12. 答案： B。解答公務員考試試題的一個規律是：違背常理、常識的一般是錯誤的，除非是文中特別説明的。因此，C和D錯誤。而本段文字並沒有講到讀書要“少”的問題，故A錯。

13. 答案： D。本段話主要在於強調激發潛能對於我們的影響，有利於我們作出更大的成就。A和C過於絕對，不選。本段文並不是想表達B項的內容，故錯誤。

14. 答案： C。本段文字是一個總－分式的結構，重點在強調“城際競技”，同時根據第三句的“城際間的升跌走勢圖”可推知C正確。而D雖然也符合材料，但並不是本段的主要內容。

15. 答案： C。本段文字用打比方的方式，運用三個數字，“最後15分鐘”、“還剩下6分鐘”、“第58分鐘”來表達地球生命出現較晚的事實。故選C。

16. 答案： C。此題是觀點概括型的題目。這段話直接表明了“狩獵蟻”的生存是建立在其侵犯、消滅鄰近群體基基礎之上的。A和D只體現了本段的部分內容，故C是最佳答案。

17. 答案： C。本題是選非題。“鐵絲網”是一種比喻的説法，指的是產權制度，故B正確，根據文意，A和D也正確。C説“法律能約束君子但不能約束小人”顯然犯了常識性的錯誤。

18. 答案： C。本題可用排除法。A和B過於絕對，不選。D項的內容無法從文中推出，故也不選。

19. 答案： D。本段文字從富豪的人數少和中產階級消費能力不夠兩個方面來論述我國的“奢侈品時代”沒有到來，故選D。而A和C都只講到了一個方面，不夠全面；B項的內容文中沒有提及。

20. 答案： D。注意題目問的是本段文字的“核心觀點”。本段無論説互補也好，説逆差也好，其最終想強調的是中美經貿關係，這從文中的“美對華逆差仍將持續，而中美經貿規模也仍將不斷擴大”一句可以得到印證。

21. 答案：B。本段的關鍵詞是"歷史教育"、"生活"，強調了歷史教育應當以豐富、適當的形式滲透至生活的各個場景之中。故應選B。

22. 答案：B。分析本段文字結構，可知其重點在於"正因如此，我們更需要……"一句，故應選B。A、C、D皆沒有論及本段的核心問題。

23. 答案：D。根據上面提到的抓關鍵詞語的方法，本段文字的關鍵詞是"南水北調工程"、"大運河"及"改變"，指出南水北調工程是現代人改變大運河的重要契機。故選D。

24. 答案：D。注意本題題目問的是"不準確"的，即選非題。這樣的題只要分別把備選項往文中套即可。文中並沒有談到"有情趣的生活，是因為有了幽默"，故選D。

25. 答案：B。本題亦為選非題，應注意題目中的問題。本段主要講語言交談對社會發展的作用，顯然C、D正確。比較A和B，後者概括不準確，故選B。

26. 答案：B。本段文字的第一句是主題句。橫線上所填內容應是後面三句話主要內容的概括，故選B。

27. 答案：D。本題只要對後兩句的內容進行一下概括，就能得出正確答案。後兩句主要講了兩個事實：1. 中國排放溫室氣體量大；2. 中國不受《京都議定書》中減少溫室氣體排放要求的約束。故選D。

28. 答案：D。根據"缺乏「大師」，學術危機的基本徵象"得不出沒有"大師"社會就不能進步的結論。根據"一定是通人，而不僅僅是「專家」可知"D正確。

29. 答案：D。根據"他們只是按照自己的要求錄取學生"，本題選D。

30. 答案：D。題目所問的是這段話的主要觀點，本段主要講人文教育的目的，故選D。A、B、C雖皆是本段的內容，但並非作者想表達的主要觀點。

31. 答案：B。本段主要講了兩個意思，前兩句講數碼圖書館的優勢，後一句講數碼圖書館的發展，故選B。

32. 答案：C。本題為選非題。文中只是講可能會有豐富的石油儲藏，因此應項C。

33. 答案：B

34. 答案：D

35. 答案：B

36. 答案：C

(二)字詞辨識

這部份旨在測試考生對漢字的認識或辨認簡化字的能力。

選出沒有錯別字的句子。

1. A. 科大已考生到學生英語能力可能差異較大，會為不達標的學生「保底」，於開學前按學生高考英文科各卷成績，為學生提供適切的英語補充課程，以確補學生能適應英語教學。

   B. 如果公眾泳池分散由不同的外判商負責，救生員弟屬不同的老闆，未必能夠集合力量進行這樣大規模的行動，也未必能夠放心不會被撤職。

   C. 劍橋大學校長查德看過金庸的《鹿鼎記》英繹本後，讚歎不已，親身向學校的榮譽博士提名委員會推薦查大俠，促成這宗美事。

   D. 我在衡量書的品質時，最愛看的兩條：一條是一本書擁有不擁有讀者，另一條是一本書擁有不擁有時間，也就是書的時效性如何。

2. A. 中方終於明白管治香港需要像曾蔭權這樣的技術官員。

   B. 以本港情況為例，普偏來說，學士課程畢業生可考慮直接申請入讀碩士課程。

   C. 簡而言之，「和諧社會」不應只是政治口號，也不是幾下看起來順應民情的臨時舉錯。

   D. 他素來愛把小説情節扣入中國歷史，而且作品銷量至今已逾億冊，名震中西文譠。

3. A. 社署發言人辯稱，合約已要求羅兵咸將資料保密，並在6個月內將調查所得資料鎖毀。

   B. 中方終於明白管治香港需要像曾蔭權這樣的技術官員。

   C. 由於適齡學童人口下降，小學縮班殺校高潮過後，自然輪到中學面對淘汰競爭。

   D. 普羅旺斯人以一種難於言表的旺盛鬥志迎接著春天，彷佛大自然給每個人都注射了一針興憤劑似的。

4. A. 藝術創造不是追尋原頭，而是探索未知。

   B. 在中國，「言文」並不「一致」，這是自古以然。

   C. 從中我們又該反醒些什麼呢？

   D. 比干是忠臣，卻給紂王剖了心，但因為有精靈之氣，依然能夠鞭馬飛馳，絕塵而去。

5. A. 他的書，有全部套裝的，散裝的，盜版的，還有小人連環本，還有把整本書析掉，一毫米厚一本的訂書機訂出的那一種，憑你想像説不出它版本名稱。

   B. 教育應以學生為本，當局推出的連串措施，應以提升教學質素為主，因此即使有措施減輕縮班震撼和痛楚，也難免會太弱留強。

   C. 這三本書描述他在這個小鎮如何享受大自然的恩賜和過一種返璞歸真的慵懶生活。

   D. 在連串事件後，港人正重新調整對迪士尼的觀感，而迪士尼方面則應撿討如何洗脱在港人心中留下的負面形象。

6. A. 在進修期間，學員特別要做好時間管理，並肯花時間學習與掌握新智識。

   B. 兩年的工業行動理由似乎不同，其實卻有共通點，就是工會擔心政府引入市場力量，將嚴重削弱員工爭取改善待遇的議價能力。

   C. 不少其他公眾泳池和泳灘卻由於救生員短缺，因顧慮到安全方面要局部或全部關閉，令不少市民感到不便。

   D. 電視中不乏講飲食烹調的節目，主特人認真講烹調知識和技巧的不是沒有，但更多的是對著鏡頭，吃得嘖嘖有聲的食相。

【答案】

1. D（A：確保；B：隸屬；C：英譯本）

2. A（B：普遍；C：舉措；D：文壇）

3. B（A：銷毀；C：競爭；D：興奮劑）

4. D（A：源頭；B：自古已然；C：反省）

5. C（A：拆掉；B：汰弱留強；D：檢討）

6. C（A：知識；B：市場；D：主持人）

選出正確的簡化字。

繁體字	簡化字	
1. 風	A 风	B 风
2. 將	A 将	B 将
3. 誇	A 诗	B 夸
4. 廳	A 厅	B 庁
5. 價	A 价	B 価
6. 總	A 总	B 総
7. 曉	A 暁	B 晓
8. 經	A 経	B 经
9. 麼	A 么	B 幺
10. 國	A 囯	B 国
11. 氣	A 気	B 气
12. 幣	A 币	B 帋
13. 與	A 匀	B 与
14. 無	A 无	B 无
15. 變	A 变	B 変
16. 顯	A 顕	B 显
17. 癢	A 痒	B 痒
18. 褲	A 袂	B 裤
19. 認	A 讱	B 认
20. 寫	A 写	B 写

繁體字	簡化字	
21. 麗	A 丽	B 丽
22. 窮	A 穹	B 穷
23. 傳	A 传	B 伝
24. 邊	A 边	B 边
25. 藥	A 药	B 茱
26. 聽	A 听	B 听
27. 團	A 团	B 団
28. 錄	A 録	B 录
29. 凍	A 冻	B 冻
30. 榮	A 栄	B 荣
31. 應	A 应	B 应
32. 賣	A 卖	B 卖
33. 腦	A 脳	B 脑
34. 慶	A 庆	B 庆
35. 註	A 诖	B 注
36. 肅	A 肃	B 肃
37. 類	A 类	B 类
38. 場	A 场	B 坊
39. 藝	A 芸	B 艺

【答案】

1. A 2. B 3. B 4. A 5. A 6. A 7. B
8. B 9. A 10. B 11. B 12. A 13. B 14. B
15. A 16. B 17. A 18. B 19. B 20. A 21. A
22. B 23. A 24. B 25. A 26. B 27. A 28. B
29. A 30. B 31. A 32. A 33. B 34. A 35. B
36. B 37. B 38. A 39. B

(三)句子辨析

考生須回答選擇題，找出有語病（如結構、用詞及組織）或邏輯謬誤的句子，測試對中文語法的認識。

選出沒有語病的句子。

1. A. 對於一個喜歡你的老師的孩子來説，這樣做真不容易。
   B. 她的話不能不在我心中產生一種無可名狀的沉重感。
   C. 誰也不能否認家長的這種做法不能說是對孩子的關愛，但結果也許適得其反。
   D. 現在的住房雖然只比過去多了六十呎，一家人可以不再擠在一個房間裏，自已也可以有個讀書寫字的地方了。

2. A. 兔子氾濫成災，糟蹋了整個牧場，使譽滿全球的澳洲綿羊成倍減少。
   B. 被訪者幾乎都表示對中國不甚了解，但都認為中國是一個有著悠久歷史的傳統文化的國家。
   C. 本校師生出入圖書館一件憑職員證和學生證。
   D. 對科學問題上的事非之爭，不應採取壓服的方底，尤其不能摘文字獄一類的東西，歷史上凡是這樣做了的，沒有一個會有好結果。

3. A. 令人不可思議的是，當該地區違規操作的問題曝光以後，各地的採購員反倒蜂擁而至。

   B. 奧地利科學家是在阿爾卑斯山山腳下對雨水進行冷凍、收集、分折和提煉後得出上述結論的。

   C. 我們不能把開會積極發言作為衡量一個人工作能力高低的標準。

   D. 香港政改工作已經進入在充分調查的基礎上，廣泛徵求意見，制訂全面規劃的階段。

4. A. 此文對港口學派和美國學派作了較為公正的評價，指出其優點和不足，對比較文學研究的進一步發展起了促進作用。

   B. 英國皇家芭蕾舞團在文化中心的演出，博得了全場觀眾的熱烈掌聲，對這次精彩的表演評價很高。

   C. 本雜誌的對象，主要是面向中小學語文教師及其他語文工作者。

   D. 這本書，精裝本和普及本的價格懸殊一半多。

5. A. 這樣做純粹是一種個人行為，因為沒有得到有關部門尤其是專門為我們設計安裝這種隔板的房產部門的授權。

   B. 一輛越野車像離弦的箭一樣，在蜿蜒曲折的環山公路上疾馳。

   C. 公司的指引，大家要注意節省不必要的開支和不應有浪費。

   D. 我不同意購置這些高檔傢具，不僅因為這些東西對我們並不需要，更重要的是這樣做不符合節約資源的原則。

6. A. 為了適應工作重點的轉移，香港中文大學建立和建全了必要的規章制度等一系列工作。

   B. 香港中文大學今年錄取的新生會考成績平均都在5A以上。

   C. 因為高考逐步轉向考查學生的觀察、實驗及思考能力，為這些目標設計題型成為命題的基本思路。

   D. 一篇論文觀點正確、論據充分、結構完整，是衡量其好壞的重要標準。

7. A. 就是因為有了正確的道德觀和健康的審美觀，所以閱讀中能正確地理解文章的含義。

B. 他儘管前年遇上了許多挫折，但是他一點也不灰心。

C. 山區那些可愛的孩子無時無刻不在等我。我必須盡快趕回去。

D. 我以為你沒有甚麼事，一定能按時趕來，你反而提前趕到了。

8. A. 這個問題你應該原原本本解釋清楚，否則不能不讓人產生懷疑。

B. 我相信不同的專業人士仍然可以發揮所長，到災區當義工，為發展和重建作出貢獻。

C. 花農擔心天氣太冷影響生意，其實這是過慮的想法。

D. 回港之後，一些熱心人表示希望能親身參與救災，而我的答案總是：捐錢就可以了。

9. A. 我認為，有志救災的朋友在出發前必須有充足的練習，確保能獨立在災區生存，亦要有清晰目標，不能見步行步。

   B. 若要救援組織將本已緊張的資源，用於招呼一些不能即時作出貢獻的外地來客，這只會增添工作人員的負擔，對災民也沒有幫助。

   C. 這種全封閉的「蠶豆」式自行車，最高時速可達75.6公里/小時。

   D. 很多人找到靈霄宮、金母殿、仙佛洞、老子銅像等處燒香拜佛，祈求長壽平安，全家福祿齊全，因為老子並非菩薩，不享香火。

10. A. 我們在第五天災後抵達災區時，眼前死亡的景象十分可怖。

   B. 我們走近一家村屋，清楚聽到一點人聲，側耳細聽，發現是飲泣聲。

   C. 我們趨前兩步請教，飲泣的聲音變成嚎哭，原來屋的女主人在海嘯中喪生，一家人正在屋內致祭亡魂。

   D. 盛有食物和鮮花的祭品朝海面擺放，表示奉獻給女主人，並且讓大海將女主人的靈魂帶走。

11. A. 這兒的河流，流量都不長，但水量很豐，流勢很急。

B. 有北國春城之稱的長春，為冰雪嚴嚴實實地包裹著、固封著。

C. 有沒有堅定的意志，是一個人在事業上能夠取得成功的關鍵。

D. 這個問題在同學心目中深入地引起了思考。

12. A. 香港這一邊廂為特區普選問題唇槍舌劍，有「語不驚人死不休」之勢。

B. 中國人民正在努力為建設一個現代化的社會主義強國。

C. 中學時代的那些同學的愉快笑容和爽朗的歌聲，至今還在我耳邊回響。

D. 中國人民自從接受了馬列主義思想後，中國革命就在毛澤東領導下大大改了樣了。

13. A. 我們明明知道先進單位的缺點，卻不認真地幫助它，反而毫後原則地掩蓋，這是不負責任的表現。

    B. 近年來，王俊幾乎無時無刻不忘搜集、整理民歌，積累了大量的資料。

    C. 清明前後，漁農處派了800多人次，在郊野公園植樹。

    D. 華人社會打擊語言暴力成功之日，相信是華人文化提升之時。

14. A. 為摯愛哭斷肝腸的村莊裏的未亡人看來不少，也為空盪盪的村莊平添幾分悲情。

    B. 報道說，上海崑劇院有個表年演員張軍，和沈昳麗合演《牡丹亭・遊夢驚夢》，很有功力，表演優秀。

    C. 有人要和張軍簽約，到日本去演歌舞，不用說，經濟收入是很好的。但他考慮再三，還是決定不去，願意堅持在崑劇隊演出。

    D. 現在崑劇不爭氣，賣座很差。張軍有時也去夜總會俱樂部唱現代歌曲，也很有質量。

15. A. 通過學習，使我提高了對這門學科的認識。

B. 古今中外凡是有重大發明與創造的人，都是勤於思考、善於分析的。

C. 他們不但完成了任務，我們也完成了任務。

D. 新建的上海博物館正在展出兩千年前新出土的文物。

16. A. 不管我們前面會出現甚麼困難，我們都能克服，都能戰勝，這是無可非議。

B. 天氣很晴朗，一朵朵五彩繽紛的白雲飄浮在空中。

C. 他的家鄉是黑龍江省青崗縣人。

D. 這兩位主要人物的一言一行、一舉一動，都體現了作者對兩種女性的深刻理解和深切同情。

17. A. 現在所要解決的矛盾和任務已經順利完成了。

B. 上星期，我們參加學習了姊妹學校開展課外活動的先進經驗。

C. 我們的家鄉像跨上了駿馬，日新月異地奔馳在光輝大道之上。

D. 美國小説家海明威的作品常常刻劃孤獨的主人翁形象，共展示主人翁的內心世界和偉大的人格力量。

18. A. 時代愈久遠，人類的活動便愈受自然條件限制。
    B. 奧運會上，中日女排爭奪冠亞軍戰，打得十分激烈。
    C. 許多老一輩科學家的事跡，都是我們學習的好榜樣。
    D. 密切聯繫群眾，深入調查研究，可以避免不犯主觀主義的錯誤。

19. A. 李先生經過住院治療回到家後，體力和思維已大不如前。
    B. 學術著作，對我們這些粗通文字的人是看不懂的。
    C. 經過長長的走廊，我們終於來到校長辦公室。
    D. 面對大好形勢，他不能不無動於衷。

#【答案與解釋】

1. 答案：B　（A.句意不明　C.濫用關聯　D.缺場關聯詞）

2. 答案：B　（A.搭配不當　C.詞語誤用　D.指代不明）

3. 答案：A　（B.語序不當　C.前後矛盾　D.語序不當）

4. 答案：A　（B.成分殘缺　C.成分多餘　D.重複累贅）

5. 答案：A　（B.不合常理　C.搭配不當　D.搭配不當）

6. 答案：C　（A.句式雜揉　B.前後矛盾　D.前後矛盾）

7. 答案：C　（A. 表意不明：關聯詞與內容搭配不當，造成表意不明。B. 主語多餘：兩個分句的主語「他」可以刪去一個。D. 表意不明：「反而」表達不當。）

8. 答案：A（B. 成分殘缺：「發展」之前應加上「災區的」。C. 賓語多餘：「慮」就是想，應刪去「的想法」。D. 語序不當：「能希望」改為「希望能」。）

9.答案：B（A.用詞不當：「練習」應改為「訓練」；「見步行步」口語入文。C. 意思重複：「最高」與「可達」意思重複；「時速」與「小時」重複。D. 誤用關聯詞：「因為」應改為「也不管」。）

10. 答案：D（A. 詞序不當：「第五天災後」應改為「災後第五天」。B. 量詞錯誤：村屋不能用「一家」，用「一間」；不合邏輯：「清楚」應為「隱約」。C. 詞語色彩不當：「請教」應改為「查詢」。）

11. 答案：B（A. 用詞不當：「豐」字應改為「大」。C. 搭配不當：「有沒有」與「能夠」是一面與兩面不搭配。D. 語序不當：「深入地引起了思考」改為「引起了深入的思考」。）

12. 答案：A（B. 成分殘缺，欠謂語：「強國」之後應加上「工作」。C.搭配不當：「愉快的笑容」與「耳邊回響」主謂搭配不當。D.結構混亂：上半句「中國人民」為主語，下半句的主語卻是「中國革命」。）

13. 答案：D（A. 結構混亂：如果「它」是指「先進單位」，那「掩蓋」後就應該加「這些缺點」。B. 否定不當：「無時無刻不忘」等於「時時刻刻不忘」。C. 搭配不當：「派」與「人次」動賓不搭配。）

14. 答案：B（A. 詞序不當：應為「村莊裏為摯愛哭斷肝腸的未亡人」。C. 表意不明，「到日本」之前應加「讓他」。D. 用詞不當：「不爭氣」應改為「不景氣」。）

15. 答案：B（A. 誤用「使」字，使句子欠主語。應改為「我通過學習，提高了…」C. 語序不當。「他們不但」應改為「不但他們」。D. 不合邏輯：「兩千年前」就不可以是「新出土」。句子的意思應該是「新出土的兩千年前的文物」。）

16. 答案：D（A. 誤用成語：「無可非議」意指沒有什麼可讓人指責批評的，這裏應該用「無可置疑」。B. 用詞不當：「五彩繽紛」不能形容「白雲」。C. 用詞重覆：「的家鄉」與「人」應去其一。）

17. 答案：D（A. 主謂搭配不當。B. 動詞冗贅。「參加」與「經驗」搭配不當，應刪去。C. 誤用成語「日新月異」。）

18. 答案：A（B. 用詞不當：爭奪「冠軍」，不必「爭奪」亞軍。C. 搭配不當：「事跡」與「榜樣」搭配不當。D.「避免不犯」雙重否定，等於「犯」。）

19. 答案：C（A. 搭配不當：「體力」可以「大不如前」「思維」與「大不如前」不搭。B. 有歧義：是我們看不懂學術著作，還是學術著作看不懂我們？D.雙重否定，做成語意錯誤。）

(四)詞句運用

選擇正確的字詞以完成句子。

1. 初學唐詩宋詞的，可選一些大家之作，______，反覆誦讀，就會有意想不到的收穫。

A. 真知灼見

B. 含英咀華

C. 甘之如飴

D. 發揚光大

2. 不斷進步的科學及無比優越的社會制度已經征服了肺病，它今天不再使人______了。

A. 為虎作倀

B. 虎視眈眈

C. 與虎謀皮

D. 談虎色變

3. 電影劇《大明宮詞》的台詞創作吸納了莎士比亞的語言風格，但尺度把握不好，難免有______之嫌。

A. 移風易俗

B. 他山之石

C. 狗尾續貂

D. 移花接木

4. 由油價每桶漲破70美元，台灣已被迫必須調整汽油價格9.2%，其他部門的價格也跟著蠢蠢欲動以來的這一個星期裏，我們於是看到了官方日益______。

A. 捉襟見肘

B. 長袖善舞

C. 洛陽紙貴

D. 屯積居奇

5. 全城的老百姓聚集灰大路兩旁，簞食壺漿，______。

A. 來歡迎凱旋的士兵

B. 來送別將離本來的首長

C. 來迎接被封為「文化城市」的美譽

D. 來驅除傳說中的土鬼

6. 那些理學說話，又都是作者閱歷有得之言，說得鞭闢入裏，______。

A. 不枝不蔓

B. 不知所云

C. 不分青紅皂白

D. 不能說清楚明白

7. 以損害自然環境為代價來發展生產，它的嚴重後果已日益清楚地展現在人們面前，殷鑑不遠，______。

A. 誰也不會反對這是我們面對的問題

B. 它將是我們的未來

C. 人們仍舊損害自然環境

D. 我們千萬不要再去做那樣的蠢事

8. 縱觀我們眼下______的暴力語言，已給公眾和社會造成嚴重的污染，甚至已逐漸佔了主導地位，說是「沉淪到惡魔水平」並不為過。

A. 街頭巷尾

B. 耳濡目染

C. 言之鑿鑿

D. 郢書燕説

9. 你不要______地來教訓我，你的底細我知道，你比我高明不到哪裏去。

A. 虛與委蛇

B. 煞有介事

C. 明目張膽

D. 陳陳相因

10. 在「棍」、「匪」字裏，就藏著可死之道，但這也是「刀筆吏」式的______。

A. 諱莫如深

B. 深文周納

C. 不刊之論

D. 文以載道

11. 余始料所及抓住提高教學質量這一中心來推動學校的其他各項工作，做到了______。

A. 綱舉目張

B. 三令五申

C. 一視同仁

D. 不偏不倚

12. 我讀了黃先生的幾篇論文，______，對黃先生淵博的學識和不凡的見解已深為欽佩。

A. 誨人不倦

B. 奇文共賞

C. 嘗鼎一臠

D. 妙筆生花

13. 余先生是位______的市長，任職期間克己奉公，為市民辦了好多好事。

A. 深負眾望

B. 深孚眾望

C. 尸位素餐

D. 膾炙人口

14. 具有大陸、台灣和海外背景的一些別具用心的人士，也在利用香港這塊自己園地，大放厥詞，______。

A. 出語傷人

B. 沉著應付

C. 三緘其口

D. 無可厚非

15. 會員推舉曹教授接任學會會長，曹教授說：「綆短汲深，______。」

A. 這是他天空海闊的時候

B. 凡事是看得長遠一點

C. 他對自己的能力是十分了解的

D. 怕有負大家的期望

16. 這些新招收進來的學員猶如璞玉渾金，_____，他們都是可以成才的。

A. 不要大多培訓

B. 只要我們培養得法

C. 要解決彼此間的差異問題

D. 學校好像早已知道

17. 雖然近來這種錯誤說法甚囂塵上，_____，他相信是非總有一天會弄清楚的。

A. 但蕭先生不為所動

B. 但蕭先生不會再就這件事發表言論

C. 但蕭先生最終退出了

D. 但蕭先生得到正確的消息

18. 瞿先生辭了公職去做生意，誰知把本錢都賠了進去，弄得雞飛蛋打，_____。

A. 屋漏偏逢連夜雨

B. 落花流水

C. 好不懊悔

D. 緣木求魚

19. 何小姐沒想到變生肘液，______。

A. 她的健康大不如前了

B. 她的一個親信出賣她

C. 她怎樣面對外界的奇異目光

D. 今次優異獎的得主竟然是她

20. 參加世界錦標賽的選手厲兵秣馬，______。

A. 在賽事後好好休息

B. 發揮運動家的精神

C. 決心賽出好成績

D. 對賽事沒存很大的期望

21. 日本結束這場侵略戰爭才不過六十年，各美國無條件投降才不過半個世紀多一點，就想用這樣參拜靖國神社的辦法來參拜戰犯，偷天換日，______。

A. 以為眾人都看不出來

B. 沒有了解歷史的真實就下筆寫歷史

C. 就歷史的過程進入驗證

D. 改寫歷史，賴掉血債

22. 美國以為推翻了薩達姆政權，就可以在伊拉克的土地上所向披靡，______。

A. 毫無疑問地打敗敵軍

B. 結果是探囊取物，得到全面優勢

C. 不料結果卻使他們大失所望

D. 最終得不到世界的認同

23. 白話文、英文、德文並不一定代表_____，文言文也不一定代表_____。在文言文的世界裡，我們可以發現太多批判的精神，太多超越現代的觀念，太多先進的思想。

填入劃橫線最恰當的一項是：

A. 開放　守舊

B. 現代　傳統

C. 現代　落後

D. 高雅　庸俗

24. 法制要產生真正作用，還有賴於權力體系內外均衡力量格局的培育。當具體法規的執行人面對足以_____他的力量時，他必須擔心任何微小的違規與失誤；而當客觀上不存在足以制衡他的力量時，設計再精密的法規也可能被他任意______、歪曲，甚至視若無物。

填入橫線部分最恰當的一項是：

A. 約束　理解

B. 約束　解釋

C. 監督　理解

D. 監督　解釋

將下列句子排列出正確次序：

25. (1) 過了數星期，它們的頭會伸得高高的，甚麼也不吃，只用嘴使勁地磨

(2) 蠶的一生中要經歷四次蛻皮，第一次蛻皮不太引人注意

(3) 蠶蛻皮後會比原先大了一些，變成黃黑色。

(4) 只見到一團黑黑的「殼」在剛蛻完皮的蠶身旁

(5) 蠶第三次蛻皮會比第二次再大一些，也更白一點

A. (2)(3)(4)(1)(5)
B. (2)(4)(3)(1)(5)
C. (2)(3)(1)(4)(5)
D. (3)(5)(1)(2)(4)

26. (1) 現在街道叫法是從英國人開發香港和租界而來

(2) 在中國本土，也沒有現在的所謂某某路或某某道的名稱

(3) 在香港稱街，上海則稱為路，民國後更見普及

(4) 香港開埠之前，香港島是沒有街道的

(5) 南方農村則稱坊、里、巷、橫街、直街或斜巷之類

A. (4)(5)(2)(1)(3)
B. (5)(4)(1)(2)(3)
C. (4)(2)(5)(1)(3)
D. (5)(2)(4)(3)(1)

27. (1) 香江故址在今薄扶林附近，早已不存

(2) 由香江出海的港口也就稱為「香港」

(3) 據說早年島上有一溪水自出間流出入海

(4) 但「香江」卻成了香港的別名

(5) 水質甘香清甜，為附近居民與過往船隻供應淡水，稱為「香江」

A. (1)(2)(3)(4)(5)

B. (3)(5)(4)(1)(2)

C. (3)(5)(2)(1)(4)

D. (1)(3)(5)(2)(4)

28. (1) 他們吹噓：省、快、樂、好！

(2) 尤其是考試和會考制度息息相關

(3) 說到底，還不是這些補習社、補習天王懂得學生心理！

(4) 為甚麼學生願意花費一大筆金錢，犧牲玩樂時間，到這些補習社上補習天王的課？

(5) 這些補習社和補習天王的存在，和香港的教育制度

A. (1)(5)(4)(3)(2)

B. (1)(2)(5)(3)(4)

C. (2)(5)(4)(3)(1)

D. (5)(2)(4)(3)(1)

29. (1)《詩經》作為中國古老詩歌創作的最輝煌成就

(2) 學生如能儘量以詩的存在形態來理解它們便好得多

(3) 然而這通常會遇上一個難題，就是學生怎樣從一開始便能產生一種詩之為詩的感覺呢？

(4) 而是以詩的特殊質感作為感受對象的方法

(5) 所謂詩為核心的策略並不是強調文類的劃分

A. (1)(2)(5)(4)(3)

B. (1)(2)(4)(5)(3)

C. (2)(3)(4)(1)(5)

D. (2)(4)(1)(5)(3)

30. (1) 門額刻「聖廟」二字，因供奉儒、釋、道三教神聖，故又名三聖廟

(2) 內部只分兩進，且後有較高的台基，格局為香港少有

(3) 三聖廟位於麒麟崗上，為普濟會於民國十年集資興建

(4) 傳說開山建廟時，在山洞中發現一座銘麒麟，故稱為麒麟崗

(5) 聖廟外觀為三間三進建築，整體以麻石築砌

A. (1)(3)(2)(4)(5)

B. (5)(2)(4)(3)(1)

C. (3)(1)(5)(2)(4)

D. (3)(4)(1)(5)(2)

31. (1) 金國大將兀朮的部隊與岳飛率領的岳家軍在郾城外決戰

(2) 岳飛見金兵來勢洶洶，便命令以「麻札刀」應戰，只管提刀向馬足砍去，只要馬倒一匹，其餘兩匹便會倒下

(3) 兀朮為了一舉消滅宋軍，於是派出麾下的理牌兵團「拐子馬」上陣

(4) 換言之，拐子馬就是以三個以皮繩相連，全身套上鎧甲的重騎兵

(5) 根據史帕記載，拐子馬的士兵「皆重鎧，貫以韋索，三人為聯」

A. (1)(5)(2)(4)(3)

B. (1)(3)(5)(4)(2)

C. (5)(2)(4)(3)(1)

D. (5)(2)(4)(1)(3)

32. (1) 計算單位，叫做「朋」，兩串十個或二十個為一朋

(2) 於是人們進人步尋找體小便於攜帶、質堅不易破損、形制不能偽造

(3) 貨貝的品類很多，以紫貝為最貴重，黑貝次之，白貝則最普遍

(4) 稀罕難以覓得的帶有槽齒的海貝殼來作為貨幣，當時稱為貨貝

(5) 中國古代原始社會末期最早的貨幣是牲畜，但牲畜不便攜帶

A. (5)(2)(4)(3)(1)

B. (1)(2)(3)(4)(5)

C. (2)(3)(4)(5)(1)

D. (1)(5)(4)(3)(2)

33. (1) 墨守成規便是形容思想保守

(2) 成規是指現成的老規矩、老辦法

(3) 墨是指戰國時的墨子，因其善於守城，故稱善守城者為墨守，後多用來比喻守舊

(4)「墨守成規」這個成語出自於《墨子・公輸》

(5) 死守著老規矩不肯改變

A. (4)(3)(5)(2)(1)

B. (3)(5)(4)(2)(1)

C. (4)(2)(1)(3)(5)

D. (4)(3)(2)(1)(5)

34.(1) 讓歷屆新紀元精英聚首一堂

(2) 計劃將分別於上海及香港舉行「新紀元十週年紀念晚宴」

(3) 一起回味當年共同研習時的生活點滴，分享對計劃的感受

(4) 今年適逢「新紀元行政管理精英培訓計劃」踏入第十個年頭

(5) 及成立「新紀元行政管理精英培訓計劃舊生會」

A. (5)(4)(2)(1)(3)

B. (4)(2)(5)(1)(3)

C. (4)(2)(5)(3)(1)

D. (4)(5)(2)(1)(3)

35. (1) 政府認為掌握好英語有助與新加坡在競爭中保持優勢

(2) 自1966年起教育實行雙語政策，即以英語為第一語言的同時，鼓勵各民族社群通曉他們的母語。

(3) 英語、華語、馬來語和泰米爾語為官方語言，馬來語為國語，英語為行政語言。

(4) 新加坡是多民族、多語種共存的國家

(5) 掌握好華語，能在亞洲經濟高速發展中乘風破浪。

A. (4)(2)(1)(3)(5)

B. (3)(4)(1)(5)(2)

C. (4)(3)(2)(1)(5)

D. (4)(3)(5)(1)(2)

36. (1) 小虎隊有三個隊員，他們各有所長

(2) 他們偵破多宗奇案，在世界各地頗有名氣

(3) 彼德善於科學儀器、電子和機械

(4) 冒險小虎隊是一隊團結、愛冒險的敢死隊

(5) 而且他的百寶袋裡甚麼古靈精怪的東西也有

A. (4)(2)(1)(3)(5)

B. (3)(4)(1)(5)(2)

C. (4)(3)(2)(1)(5)

D. (4)(3)(5)(1)(2)

【答案與解釋】

（1）B

（2）D。 談虎色變：比喻一提到可怕的事物，就心生恐懼，連臉色都變了。

（3）D。 移花接木：把帶花的枝條嫁接在別的樹木上，比喻暗中更換人和事物。

（4）A

（5）A。 簞食壺漿：用簞盛著飯食，用壺盛著酒漿。多用來形容百姓歡迎、慰勞軍隊。

（6）A。 鞭闢入裏：分析透徹深刻，深入到事物的內裏。

（7）D。 殷鑑不遠：泛指前人失敗的教訓就在不遠之前，要引以為戒。

（8）B。 郢書燕説：穿鑿附會，曲解原意。A, C均不合適，B才正確。

（9）B。 煞有介事：像是真的那麼一回事似的。指裝模作樣，裝腔作勢。陳陳相因：比喻沿襲舊一套，沒有改進或創新。

（10）B。 深文周納：歪曲或苛刻地援用法律條文，羅織罪狀，給人強加罪名。深文：制定或援引法律文苛細嚴刻。周納：羅織罪狀，陷害人。

（11）A。 比喻做事抓住主要的環節，帶動次要的環節。

（12）C。 嘗鼎一臠：嚐嚐鼎裏一小塊肉，就可以知道鼎裏的肉的味道了。比喻根據部分可以推知全體。臠：切成小片的肉。

（13）B。 深孚眾望：使眾人非常信服。孚：使人信服。

（14）A。 大放厥詞：原指極力鋪陳辭藻，寫出優美的文字。現多用來指大發議論，多含貶義。

（15）D。 綆短汲深：吊桶上的繩子短，卻要從很深的井裏打水。比喻能力有限而任務很重，難以勝任。多用作謙辭。綆：繫在吊桶上打水的繩子。汲：從下往上打水。

（16）B。 璞玉渾金：比喻人純真質樸。

(17) A。 甚囂塵上：指某種錯誤言論十分囂張；作貶義用。

(18) C。 雞飛蛋打：比喻兩頭落空，一無所有。屋漏偏逢連夜雨：這一句形容過程。

(19) B。 變生肘液：變故或禍亂發生在內部或身邊。

(20) C。 厲兵秣馬：進行戰鬥準備。厲：通礪，磨；兵：兵器；秣：餵牲口。

(21) D

(22) D

(23) C。 根據第二句話，文言中有批判的精神、超現代的觀念、先進的思想，可以知道，第一條橫線處應填寫與「現代、先進」意思相同或相近的詞語，而第二條橫線處應填寫與「現代、先進」意思相反的詞語。選項D與「現代、先進」無關，首先可以排除。「開放」與「現代、先進」不構成同義詞，選項A也不正確。「傳統」是個中性詞，「落後」是個貶義詞，顯然第二條橫線處表達的是一種不贊同的觀點，用貶義詞最恰當，而且「落後」比「傳統」更適合做「先進」的反義詞，所以選項B不正確，選項C正確。

(24) D。 顯然第一條橫線處應該選擇一個和「制衡」意思相近私詞語。「制衡」是相互制約、使保持平衡的意思；「約束」是限制、管束、使不超出範圍的意思；「監督」是指監察、督促的意思。相比較而言，「監督」，更恰當，而且「執法」和「監督」經常是成對使用的。對於法律法規，用的動詞常常是「解釋」而不是「理解」，後者是一種個人的主觀的行為，而前者是一種公眾的、主觀的行為，而前者是一種公眾的、客觀的行為，所以，用“解釋”比用“理解”更恰當。所以，選項D是正確答案。

(25) B (26) C (27) C

(28) D (29) A (30) D

(31) B (32) A (33) A

(34) B (35) C (36) A

PART

THREE

模擬試題測驗一

中文運用
模擬測驗(一)

限時四十五分鐘

(一)閱讀理解

I. 文章閱讀(8題)

閱讀以下三篇文章，在有關問題中選出最適合的答案。

(文章一)

《保護非物質文化遺產公約》給“非物質文化遺產”所下的定義是：“指被各群體、團體有時被個人視為其文化遺產的各種實踐、表演、表現形式、知識和技能及其有關的工具、實物、工藝品和文化場所。”它強調兩個重要的條件：一是“各個群體和團體隨著其所處環境、與自然界的相互關係和歷史條件的文化不斷使這種代代相傳的非物質文化遺產得到創新，同時使他們自己具有一種認同感和歷史感，從而促進了之化多樣性和人類的創造力”；二是“在本公約中，只考慮符合現有的國際人權檔，各群體、團體和個人之間相互尊重的需要和順應可持續發展的非物質文化遺產”。

非物質文化遺產的表現形式多種多樣，例如口頭傳說和表述、表演藝術、社會風俗、禮儀、節慶、有關世界和宇宙的知識和實踐，傳統的手工藝技能等。所有這些形式都與孕育它的民族、地域生長在一起，構成不可拆解的文化綜合體。

以我國的古琴藝術為例，作為非物質文化遺產：古琴藝術的價值不只在於古琴這種樂器本身，也不限於古琴曲目和彈奏技術，更重要的在於以古琴為聚合點而構建的傳統美學特質及哲學意味，並且這種美學特質和哲學意味貫穿於中華雅文化的發展當中。由於鍾子期和俞伯牙高山流水的故事是以古琴為依託的，所以不僅深邃感人，而且歷久彌新。可以說，知音意識和獲得知音的愉悦成為雅士階層不可分割的一種人生內容。於是音樂境界與生命境界、樂品與詩品之品都互相溝通。而遵循“大音希聲”的哲學原理，古琴藝術又將儒家的中正平和、道家的清靜淡遠融匯於樂曲之中。

每一項真正符合標準的非物質文化遺產都不可能以一個物質符號(比如古琴樂器本身)獨立存在。相對於物質符號而言，非物質文化遺產中那些無形的環境、抽象宇宙觀、生命觀更具價值。非物質文化遺產是人類遺產非常重要的資源，就語言、民間音樂、舞蹈和民族服裝來説，它們都能讓我們從更深刻的角度瞭解其背後的人和這些人的日常生活。非物質文化遺產涉及的範圍非常廣泛，每一個人都跟它脱不開關係，因為在每個人身上都存在著他所在社會的傳統。

1. 下列對「非物質文化遺產」定義的理解，不正確的一項是：

A. 非物質文化遺產可以是被群體或團體認同的文化遺產，也可以是被個人認同的文化遺產。

B. 隨著人們所處環境、與自然界的相互關係和歷史條件的變化，非物質文化遺產具有不斷創新的特點。

C. 對於世界上那些已經被認定的非物質文化遺產，各個群體和團體都應該具有認同感和歷史感。

D. 非物質文化遺產應該體現各群體、團體和個人之間相互尊重的需要，順應可持續發展的要求。

2. 下列表述不符合原文意思的一項是：

A. 非物質文化遺產無論有多少表現形式，都應該與孕育它的民族、地域構成不可拆解的文化綜合體。

B. 古琴藝術被列為非物質文化遺產，憑藉的是它所蘊含韻美學特質和哲學意味，而非其樂器本身、曲目及彈奏技術。

C. 包含著儒家中正平和旨意和道家清靜淡遠韻味的古琴藝術，追求的是一種「大音希聲」的境界。

D. 借助語言、民間音樂、舞蹈和民族服裝等非物質文化遺產，可以更深刻地瞭解一個民族及其日常生活。

3. 根據原文的資訊，下列推斷正確的一項是：

A. 雅士階層之所以能夠將音樂境界與生命境界、樂品與詩品文品溝通，正是由於他們具有欣賞古琴藝術的水準。

B. 一個實物，如果不與非物質的形式，如表演、表現形式、技能等相聯繫，就不能獨立城為非物質文化遺產。

C. 由於非物質文化遺產中存在著無形的環境、抽象的宇宙觀、生命觀，所以它比其他形式的文化遺產更值得保護。

D. 非物質文化遺產涉及的範圍非常廣泛，每個人身上都存在著他所在社會的傳統，所以每個人身上都有非物質文化遺產。

（文章二）

生物多樣性是一定時間、一定地區，所有生物物種及其遺傳變異和生態系統的複雜性的總稱。它是由地球上生命以其環境相互作用並經過幾十億年的演變進化而形成的，是地表自然地理環境的重要構成成分之一。生物多樣性與其物理環境相結合而共同構成的人類賴以生存和發展的生命支援系統，是社會經濟發展的物質基礎，對於維持自然界的生態平衡、美化和穩定生活環境具有十分重要的作用。生物多樣性在基因、物種和生態系統等方面對人類的生存所具有的現實和潛在意義難以估量。

因此，1992年在巴西里約熱內盧聯合國環境與發展大會上，150多個國家的政府首腦簽署通過了人類歷史上第一個《生物多樣性公約》。這是一項全球性保護生物多樣性的戰略宣言，目的是為了當代和後代人的利益，為了生物多樣性的固有價值，盡最大可能維持、保護和利用生物多樣性。

生物物種多樣性在地球上分佈很不均勻，這主要是由水熱條件的差異、地形的複雜性和地理隔離程度造成的。許多熱帶島嶼和其他一些陸地地區全年高溫多雨，地理位置相對孤立，境內地表複雜，使得這裏生存的生物種類最多。

自從35億年前地球上出現生命以來，由於各種自然原因，難以計數的生物已經滅絕，現存的500至1000萬種生物僅是過去曾經生活過的幾十億種中的少數倖存者。物種滅絕和生態系統被破壞，由此造成的遺傳多樣性的損失是不可逆的，也是不可彌補的。這不只是直接減少了人類可利用的生物資源，還可能造成更嚴重的後果。一般認為，一種生物物種的滅絕，將給以其為生存條件的其他10至30種生物的生存帶來威脅。

生物多樣性是人類起源與進化的基礎，生物等自然資源的持續利用是保障社會經濟持續發展的重要條件。但是，由於長期以來人類對生物環境的破壞、對自然資源的過度利用、保護不力等原因，生物多樣性遭受的損失令人觸目驚心。因此，採取有利措施保護生物多樣性已成為十分緊迫的任務。

4.下列表述，符合原文意思的一項是：

A. 水熱條件、地形以及地理的隔離程度等因素，與生物物種多樣性的分佈有著十分密切的關係。

B. 地球上多數生物物種滅絕的主要原因，在於人類對生物環境的破壞、對自然資源的過度利用。

C. 生物資源的利用必然導致物種的滅絕和生態系統的破壞，其造成的遺傳多樣性的損失是不可逆的。

D. 一種生物物種的滅絕，就會使10至30種生物物種滅絕，從而使人類可以利用的生物資源越來越少。

5. 依據原文的資訊，下列推斷正確的一項是：

A. 只有利用生物遺傳變異特點，改造生物基因，才能為人類創造出適宜的生存環境。

B. 《生物多樣性公約》的簽定，將使現有的生物都得到充分的維持、保護和利用。

C. 由生物物種多樣性分佈不均的原因得知，沙漠和極地地區的生物物種比較貧乏。

D. 目前，保護生物多樣性的當務之急是大力培育動植物的新品種，彌補物種的缺失。

(文章三)

科技的進步把人類的種種幻想變成現實，上古時代異想天開的「造人」神話，將在當代科學家手中實現。以人造肌肉為主要材料製成的「人類機器人」正款款向我們走來。

科學家發現，非金屬材料能在電流的作用下運動，於是產生了製造人造肌肉的構想。研究證明，通過電流刺激，高分子材料能自動伸縮和彎曲，從而可用來製造人造肌肉。這種人造肌肉用粘合性塑膠製成，是把管狀導電塑膠集束成肌肉一樣的複合體，在管內注入特殊液體，導電性高分子在溶液中釋放出離子，這種複合體在電流的刺激下完成伸縮動作。通過控制電流強弱調整離子的數量，可以有效地改變它的伸縮性。相反，通過改變複合體的形狀也可以產生電。

人造肌肉具備人體肌肉的功能。在人造肌肉中，一根直徑為0.25毫米的管狀導電塑膠可承重20克，相同的體積，人造肌肉比人體肌肉的力量強壯10倍。傳統引擎驅動的機器人，除了關節之外，四肢沒有任何可以活動的關聯處，能量上自然是捉襟見肘。如果有了人造肌肉，機器人四肢就會更加發達，能將分子能量的70%轉化為物理能量，其功率遠遠大於傳統引擎機器人。近年來，一種名為Birod的生物機器人已問世，它可以負載超過自身許多倍的重量。科學家正在研製用於未來士兵裝備的人造肌肉。

這種人造肌肉一旦裝入手套、制服和軍靴，士兵就會有超人的力量，舉重物、跳過高牆均不在話下。

利用人造肌肉可以發電的原理，科學家正在開發一種「腳後跟」發電機，即把人造肌肉安裝在軍靴的鞋跟上，通過步行、跑步等運動就能發電。未來，凡是需要小型電動引擎的製造業，人造肌肉都有用武之地。

人造肌肉靈活柔軟，還可以用來製造醫用導管和在救災中大顯身手的蛇形機器人。目前已經有了利用人造肌肉製成的機器魚，它在水中游動的姿態與真魚沒什麼差別，「耐力」可保持半年時間。機器魚既沒有馬達、機軸、齒輪等機械裝置，也沒有電池，完全是靠伸縮自如的高分子材料自行驅動。

6. 下列對「人造肌肉」有關內容的理解，正確的是：

A. 人造肌肉可使高分子材料自動伸縮和彎曲。

B. 人造肌肉的伸縮程度在電流發生變化時可以發生變化。

C. 人造肌肉的巨大能量來源於其伸縮動作所產生的能量。

D. 人造肌肉比人體肌肉肌肉力量更強，從而具有比人體肌肉更好的性能。

7. 下列表述符合本文意思的一項是：

A. 人造肌肉的特徵是可自動伸縮和彎曲，在自動伸縮和彎曲時產生靜電。

B. 裝有人造肌肉的機器人能在各個領域發揮作用，是因為人造肌肉具有靈活性。

C. 裝有人造肌肉的機器人四肢更發達，其功率比傳統引擎驅動的機器人的功率大。

D. 人造肌肉使類人機器人在軍事和民用方面代替傳統機器人完成了任務。

8. 根據本文提供的資訊，下列推斷不合理的一項是：

A. 高分子材料在一定條件下釋放出的離子數量與人造肌肉的伸縮程度有關。

B. 採用了人造肌肉的機器人能將分子能量轉化為物理能量，能自行驅動和負重。

C. 未來裝有人造肌肉的軍靴既可使士兵具有強大的力量，又可充當小型發電機。

D. 用人造肌肉製成的機器魚，可以在沒有外力作用的條件下持續不斷地游動。

II. 片段／語段閱讀(6題)

閱讀文章，根據題目要求選出正確答案。

9. 某公司的經濟充分顯示出，成功的行銷運作除了有賴專門的行銷部門外，還需要有優異的產品，精密的市場調研，更少不了專業部門、公關部門、擅長分析的財務部門以及物流後勤等部門的全力配合與支持。如果行銷部門獨強而其他部門弱，或是行銷部門與其他部門不合，或是公司各部門無法有效地整合，都會讓行銷運作無法順利有效地進行，難以發揮應有的強大威力。

   這段文字主要強調的是：

   A. 該公司各個部門有效整合是其成功的關鍵

   B. 注重團隊合作是該公司取得成功的寶貴經驗

   C. 成功的行銷運作可以給企業帶來巨大的經濟效益

   D. 行銷部門只有與其他部門緊密配合才能更好地發揮作用

10. 中國很早就有鮫人的傳說。魏晉時代，有鮫人的記述漸多漸細，在曹植、左思、張華的詩文中都提到過鮫人，傳說中的鮫人過着神秘的生活。干寶《搜神記》載：「南海之外，有鮫人，水居，如魚，不廢織績。其眼泣則能出珠。」雖然不斷有學者做出鮫人為海洋動物或人魚之類的考證，我個人還是認為他們是在海洋中生活的人類，其生活習性對大陸人又言很陌生，為他們增添了神秘色彩。

作者接下來最有可能主要介紹的是：

A. 關於鮫人的考證

B. 鮫人的神秘傳説

C. 有關鮫人的詩文

D. 鮫人的真正居處

11. 雖然世界因發明而輝煌，但發明家仍常常寂寞地在逆境中奮鬥。市場只認同有直接消費價值的產品，很少為發明家的理想「埋單」。世界上有職業的教師和科學家，因為人們認識到教育和科學對人類的重要性，他們可以衣食無憂地培養學生，探究宇宙；然而，世界上沒「發明家」這種職業，也沒有人付給發明家薪水。

這段文字主要想表達的是：

A. 世界的發展進步離不開發明

B. 發明家比科學家等處境艱難

C. 發明通常不具有直接消費價值

D. 社會應對發明家提供更多保障

12. 為什麼有些領導者不願意承擔管理過程中的教練角色，不願意花時間去教別人？一方面是因為輔導員工要花去大量時間，而領導者的時間本來是最寶貴的資源。另一個原因是輔導能否收到預期的效果，是一件很難說清的事情，很多方法是「只可意會，不可言傳」的。而從更深的層次來說，「教練」角色要求領導者兼具心理學家和教育學家的質素，這也是一般人難以具備的。

    最適合做本段文字標題的：

    A. 效率低下，領導之過

    B. 團隊意識亟待增強

    C. 員工培訓，豈容忽視

    D. 做領導易，做「教練」難

13. 在一天八小時工作時間裡，真正有效的工作時間平均約六個小時左右。如果一個人工作不太用心，則很可能一天的有效的工作時間只有四小時；但如果另一個人特別努力，絕大部分心思都投注在工作上，即使下班時間，腦子裡還不斷思考工作上的事情，產生新的創意，思索問題的解決方案等，同樣一天下來，可能可以積累了相當於十二個小時的工作經驗，長期如此，則兩個人同樣工作十年之後，前者可能只積累相當於六七年的工作經驗，但後者卻已經擁有相當於二十年的工作經驗。

    這段文字主要強調的是：

    A. 習慣　B. 方法　C. 態度　D. 經驗

14. 英國科學家指出，在南極上空大氣層中的散逸層頂在過去40年下降了8公里。在歐洲上空，也得出了類似的觀察結論。科學家認為，由於溫室效應，大氣層可能會繼續收縮。在21世紀預計二氧化碳濃度會增加數倍，這會使太空邊界縮小20公里，使散逸層以上區域熱電離層的密度繼續變小，正在收縮的大氣層至少對於衛星會有不可預料的影響。

這段文字主要意思是：

A. 太空邊界縮小的幅度逐漸加大

B. 溫室效應會使大氣層繼續收縮

C. 大氣層中的散逸層會不斷下降

D. 正在收縮的大氣層對衛星的影響不可預料

(二)字詞辨識 (8 題)

選出沒有錯別字的句子。

15. A. 香港這棵蒙塵的東方之珠，在歷經嚴冬煎迫後，逐漸恢復了生機和顯現了風姿。

    B. 只有在這種氣氛下，我們才有可能作理性的對話，針對實質問題，解決大小爭端。

    C. 從內心深處拒絕暴力語言，我們在一切場合都使用「人話」，減少社會的淚氣和惡俗味，共同營造一種祥和的生態破壞。

    D. 在這個「萬紫千紅總是春」的季節，我們不甘也要動情地喊道：「春天，是復活的季節！」

16. A. 延至二十一世紀的今天，香港、台灣的華文傳媒和華人社會，仍然充斥「文革」時期紅衛兵式的語言。

    B. 特別是對於港人，以董建華為首的特區政府，因施政的嚴重失誤，使香港經濟陷於一片蕭調，港人備嘗失業、減薪之痛。

    C. 由於台灣以對內對外的敵人為打擊目標，當一切都被兩極化後，當然也就做成標準的雙重仇人。

    D. 一個曾是標舉文明和開放的香港，正在受到腐蝕和踐踏，一切熱愛香港的人，理應對此保持高度驚剔。

17. A. 在第一局比賽結束後，雙方運動員要交換場區，這是羽毛球比賽的規則。

B. 賽程的安排似乎也註定了中國女排唯一的兩種可能，功成名就或是功敗垂成。

C. 香港隊就像一隻八魂落泊的飛鳥一樣，在這個不屬於她的世界無奈地飛翔。

D. 作為曼聯隊的頭號球星，帥哥碧咸的名字在國際足壇響當當，但即便他，也難逃人們的冷謅熱諷。

18. A. 她能將這個人物複雜的內心世界表現得淋漓盡至，實在令我欽佩不已！

B. 一個八九歲的小女孩居然能表達出老漁夫的深沉情感，她表演成功的決竅是甚麼呢？

C. 表演者右手的手腕後面有一個皮做的硬袖口，一根強有力的橡根固定在硬袖口上；像根的另一頭穿過袖子，繞過背部，從左手的袖口裏出來，拿在手裏。

D. 《Clean》描述了一個因吸毒陷於窮途潦倒的女子，為了骨肉親情，決心「清洗」污垢，改邪歸正。

19. A. 氣溫回升是撲滅紅火蟻的關鍵時期，冬天牠們不出來，春天才能用毒餌治理，所以一定要抓緊時機。

    B. 非典型肺炎不單對個人健康構成影響，對香港經濟更是沉重的打擊；不少行業業務一落千杖部份更面臨倒閉危機。

    C. 印尼九級大地震觸發本世紀最嚴重的南亞地區海嘯，死亡人數達十五萬，受傷及失蹤人士更不計期數。

    D. 越南將對中國專家研製的禽流感疫苗進行肆點測試，如果試驗成功，這種疫苗將用於越南全國範圍內家禽的禽流感預防接種。

20. A. 自白派的旗手，畢曉普的同儕好友羅伯特．洛威爾把畢曉普的詩列為對自白派的產生起了關鍵作用的作品之一。

    B. 參加展銷的台灣出版社亦以特價發售部份暢銷書，金石堂出版的暢銷書榜新書全部八折發售。

    C. 今屆書展參展商推介的逾三百種新出版物，已在書展的網站上刊登，並附上簡介，有助讀者進場前先睹為快。

    D. 蕭亮曾以筆名蕭四郎著有《太極養生功夫》一書，亦曾在「明報」寫養狗專欄，在「清新週刊」寫「品味隨筆」，是一位崇尚惟美主義者。

21. A. 近年來高等教育擴充快速，未來大學畢業生人數將逐年增加，如果產業人力需求未能相應增加，必然產生人力供需失條而造成就業問題。

B. 據透露，一旦CPI等各項資料反映通漲呈加速之勢，央行將上報國務院批準有關抑制通漲應急方案，並予以實施，確保經濟健康運行，以防止經濟出現較大泡沫。

C. 「搭便車」是近年來我國市場上出現的一種怪現象，一個品牌的產品一旦為市場認可，很快就會出現幾個乃至十幾個似是而非的「克隆產品」。

D. 香港特區行政長官董建華12日説，現在香港經濟已經復蘇，但還有不少問題和隱憂，因此仍要居安師危。

22. A. 基於這兩大階級日益尖鋭的利益矛盾和鬥爭，類社會陷入長期的爭權奪利、爾汝我詐中。

B. 天外有天、人外有人，無論什麼時候都應該謙虛沈穩，尤其是在功成名就之後，才不致惹招嫉妒。

C. 面對個人牯名釣譽之得與香港整體利益仍堅持前者，就是卑劣政客秉為。

D. 抗議日本侵佔釣魚島的活動持續了半天，50名抗議人士在午後鹿逐散去，期間沒有發生激烈衝突。

(三)句子辨析 (8 題)

選出有語病的句子：

23. A. 在閱讀這本書後，才知它說的是電腦與通訊所帶來的二次產業革命。

    B. 中文大學進行首個性別與閱讀興趣影響學生閱讀能力的國際性研究，發現全球四十三個參與研究的國家及地區中，女生的閱讀成績較佳，平均較男生高三十三分。

    C. 孩子苦惱地承受升學考試的巨大壓力，彰顯了「求學不是求分數」的虛妄，也說明了「愉快地學習」確是兒童熱切的期待。

    D. 當議員希望取得有關數據和資料作為診斷是否支持工程的基礎時，政府的反應卻十分消極，稱開設新職位後議員自會得到答案。

24. A. 政府說：因為世界變了，所以我們的教育也要改變。

    B. 一個知識份子倡導的理論無論有多高，多富理想色澤，但是我們最應該留意的是人，真實存在的人。

    C. 邏輯上，政府必須先說服立法會支持工程，然後才尋求撥款問設新職位。

    D. 忽然對這本書的名字好奇起來，好像昔日朋友似地非常熟悉。

25. A. 香港的公共空間愈縮愈小，我們所接收的資訊也變得愈來愈單元化。

B. 我們閱讀歷史不僅是「以史為鏡」，還可從中體會到只有學習包容和體諒，人類才有可能得到和平。

C. 在六十年代，中、阿兩國的關係在各個方面緊密合作，領導人頻繁互訪，成為「親密戰友」。

D. 身為漢人，我們幾乎感覺不到民族認同的問題，也因此常常感覺不到其他少數民族的身份問題。

26. A. 跳舞有助於防止骨質流失與骨質疏鬆，是中年老人常出現的毛病。

B. 要出人頭地，光會讀書是不夠的，還要展現出領導才能，證明自己的「全才」才行。

C. 多少年來，偷渡客魂斷他鄉的悲劇一次次地重演，但是生命換來的教訓依然阻擋不住偷渡者的腳步。

D. 多達一萬名愛國人士日前在首都遊行，藉此追悼因主張撤軍而被暗殺的前國家總理。

27. A. 學術訓練應注重獨立思考能力的培養和教育，而不是職業技能培訓。

    B. 我們應該將心比心，設身處地站在別人的立場思考問題，這樣彼此就容易溝通了。

    C. 這裏以前是塊綠油油的農田，現但在雜草和枯枝密佈，呈現出一片荒涼的景象。

    D. 隨著人們生活水平的提高，民眾對身體健康的關注也日益增加。

28. A. 從黑糖薑湯、梨子、白蘿蔔汁到雞湯，民間流傳已久的感冒食療偏方多不勝數。

    B. 科學家近日發現了一種令人驚訝的，大約在三萬年前就已進行冷凍狀態的生命形式。

    C. 很多人都有過耳鳴的經驗，有些人甚至因此而輾轉難眠。

    D. 以利用女性的容貌、身體與性感的所謂「美女經濟」現象刺激消費，引起全國婦女同胞的關注。

29. A. 許多成功人士根據自身經驗，都認為只要有抓住機會，勤奮努力，就能脱離貧困，改善生活。

B. 這所公司所提交的綜合度假勝地概念計劃書與眾不同，不但有賭場等消閑娛樂設施，還有充滿文化藝術氣息的美術館。

C. 有學者建議增設「侵犯個人秘密罪」，懲治利用手機等現代化設備侵犯他人隱私的行為。

D. 近兩年來，民工追討欠薪已變為全社會關注的焦點，民主拿不到工資和追討工資而被打傷的報道也時常見諸媒體。

30. A. 有些商家眼光比較短淺，其實全局利益與局部利益、長遠利益與眼前利益都是密不可分的。

B. 因為減低禽流感的風險，漁護署會在今年底前，要求農場將飼養的家禽數目減少一半。

C. 噴墨印表機的技術不斷在更新，兩三年前令人頭痛的問題，在新一代的印表機推出後，幾乎都可以解決了。

D. 對於人體如何調節免疫反應，到見前為止，醫學界還無法全盤了解各個環節，遑論進一步增強、調節免疫系統功能。

(四)詞句運用 (15 題)

選擇正確的字詞以完成句子：

31. 人們一般都認為藝術家是「神經質」的，他們的行為像16個月大的嬰兒，這種觀點是______的。事實上，「發瘋」的藝術家是很______的，我所遇到的許多藝術家都是極具組織頭腦，非常成熟的個體

填入橫線部分最恰當的一項是：

A. 正確　普遍　　B. 片面　稀少

C. 偏頗　稀缺　　D. 錯誤　少見

32. ______今天的人類居住在一個空間探索和虛擬現實的完全現代化的世界裡，但他們的活動和石器時代的狩獵者的活動基於______的智力本質。例如，在受到威脅時進行對抗的本能，以及交換信息和分享秘密的動力。

填入橫線部分最恰當是一項是：

A. 其實　不同　　B. 儘管　同樣

C. 雖然　不同　　D. 儘管　類似

33. 當體育界、工業界和其他領域中的一些領導者將他們的成功歸因於一種高度_____的意識時，一個社會還是應該更好地為那些即將成為領導者的年輕人灌輸一種_____的意識。

填入橫線部分最恰當是一項是：

A. 競爭　合作　　B. 大局　協作

C. 協作　分工　　D. 危機　團隊

34. 雖然很多員工覺得很難控制工作中的壓力，但是至少當他們回家時是_____的，然而，隨着工作本質的變化，家也已經不再是曾經的避難所了。

填入橫線部分最恰當是一項是：

A. 愉快　　B. 清閒

C. 悠閒　　D. 輕鬆

35. 據說泰山是古代名匠魯班的弟子，天資聰穎，心靈手巧，幹活總是______，但往往耽誤了魯班的事，於是惹惱了魯班，被攆出了「班門」。

填入橫線部分最恰當是一項是：

A. 巧奪天工　　B. 別出心裁

C. 盡善盡美　　D. 任勞任怨

36. 節約其實就是這樣的______行為，表現在我們的日常生活中，它就是空調開多少度之類的細枝末節的問題，就是買大排量還是小排量轎車之類的問題，就是是否選擇一次性衛生筷子之類的問題。

填入橫線部分最恰當是一項是：

A. 簡單　　B. 瑣碎

C. 日常　　D. 普通

37. 在一個如此歐洲化的地方，歐盟憲法理所當然成為了當地的一個焦點話題，令人感到_____的是，這裡不是贊成的聲音最響亮的地方，而是反對者的天下。

填入劃橫線部分最恰當的一項是：

A. 遺憾　B. 掃興

C. 驚奇　D. 意外

38. 《拾穗者》本來描寫的是農村夏收勞動的一個極具______的場面，可是它在當時所產生的藝術效果卻遠不是畫家所能______的。

填入橫線部分最恰當的一項是：

A. 熱鬧　設想　B. 平凡　意料

C. 火熱　控制　D. 忙碌　想像

將下列句子排列出正確次序：

39.（1）實驗終於成功

（2）進行科學實驗

（3）刻苦鑽研

（4）失敗

（5）再學習

A. 3－2－4－5－1

B. 2－4－5－3－1

C. 5－3－4－2－1

D. 1－2－4－3－5

40.（1）運動劇烈

（2）送往醫院

（3）心臟病發作

（4）急救

（5）恢復知覺

A. 1－3－2－4－5

B. 1－2－3－4－5

C. 3－2－4－1－5

D. 3－1－2－4－5

41.（1）正式立項

（2）專案論證

（3）確定中標單位

（4）專案實施

（5）公開招標

A. 1－2－3－4－5

B. 1－2－5－3－4

C. 2－1－5－3－4

D. 3－1－2－4－5

42.（1）調查研究

（2）局部調整

（3）制定計劃

（4）中期檢查

（5）貫徹落實

A. 3－1－5－4－2

B. 4－5－1－2－3

C. 2－4－5－1－3

D. 1－3－5－4－2

43.（1）商家承認錯誤

（2）向消費者協會投訴

（3）商店拒不賠償

（4）購買假冒商品

（5）消費者協會受理

A. 4－5－2－3－1

B. 3－4－2－1－5

C. 1－3－2－5－4

D. 4－3－2－5－1

44.（1）義務服務

（2）踴躍報名

（3）召開動員會

（4）受到好評

（5）參加「愛心社」

A. 2－5－1－4－3

B. 3－4－5－1－2

C. 3－2－5－1－4

D. 2－5－4－3－1

45.（1）李大媽買了一袋奶粉

（2）李大媽的女兒發現奶粉的味道變了

（3）送奶車壞了

（4）李大媽訂了三袋牛奶

（5）還得許多人奶箱都空著

A. 3－4－1－2－5

B. 4－3－5－1－2

C. 3－2－4－5－1

D. 3－2－1－4－5

-全卷完-

【模擬測驗(一)答案】

(一)閱讀理解

I. 文章閱讀(8題)

1.C 2.B 3.B 4.A 5.C
6.B 7.C 8.D

片段/語段閱讀(6題)

9. 答案：D。這段話的第一句是主要論點。"成功的行銷……除了有賴……還需要，更少不了……"，講的是成功的行銷運作需要的條件。選項A．選項B討論的都是公司成功的經驗，也不正確。選項C講的是行銷運作成功帶來的結果，也不正確。選項C講的行銷運作成功帶來的結果，也不正確。只有選項D講的是行銷運作成功的條件，是正確的。

10. 答案：A。這是一道推斷式言語理解題，回答該類型題目的關鍵是從原文中推斷作者的下一步行文方向。給出的短文先從鮫人的傳説寫起，列舉了相關文獻中有關鮫人的記載，其後在介紹了學者對鮫人的考證後，又引出了自己對於鮫人的判斷，自此推測作者寫作意圖，應當用關係鮫人的詳細考證來證明自己的判斷，因此A選項正確。給出的短文中已經包含了選項B、C的內容，再寫這兩方面的內容就顯得重複了，因此不選，而選項D的內容與原文的銜接顯然沒有A項緊密。

11. 答案：D。根據"但發明家仍常常寂寞地在逆境中奮鬥"，可知發明家處境艱難，由此可推知作者想要表達的內容是"社會應對發明家提供更多保障"，所以選項D是正確答案。本段文字主要是圍繞發明家來説的，而選項A、C的內容顯然與此不符。文中只提及發明家處境艱難，因此B項也不正確。

12. 答案：D。本段文字一開始就提出為什麼有些領導者不願意擔任管理過程中的"教練"的疑問，隨後又從三方面回答了這個問題，故選項D是最適合做該段文字的標題的，通讀本段文字，本沒有涉及A、B、C三個選項的內容。

13. 答案：C。本段文字將對工作"用心"和對工作"不太用心"的兩類人進行了對比，得出工作經驗的取得與人的用心程度有關，因此本文的重心在於"用心"。而用心與否是一個人的態度問題，可見該段文字主要強調的是態度，故選項C正確，而D不正確，A、B兩個選項對不是本文所涉及的內容，故不正確。

14. 答案： B。整段話是圍繞溫室效應使大氣層收縮展開的，先由南極和歐洲的實例，說明大氣層正在收縮，然後指出溫室效應會使大氣層繼續收縮。因此，B選項說明了本段話的主要意思，是正確選項。而C、D選項都只涉及了文章內容的一個方面，所以不選。根據文字內容無法推出"太空邊界縮小的幅度逐漸加大"，故A選項錯誤。

（二）字詞辨識（8題）

15. 答案： B。A. 這顆；C. 戾氣；D.不禁

16. 答案： A。B. 蕭條；C. 造成；D.警惕。

17. 答案： B。A. 場區；C. 失魂落魄；D. 冷嘲熱諷。

18. 答案： D。A. 淋漓盡致；B. 訣竅；C. 橡筋。

19. 答案： A。B. 一落千丈；C. 不計其數；D.試點。

20. 答案： A。B. 八折發售；C. 先睹為快；D. 唯美主義。

21. 答案： C。A. 供需失調；B. 通脹；D. 居安思危。

22. 答案： B。A. 爾虞我詐；C. 沽名釣譽；D. 陸續散去。

（三）句子辨析（8題）

23. 答案： A。欠主語

24. 答案： D。欠主語

25. C　　26. A　　27. A
28. D　　29. A　　30. B

（四）詞句運用（15題）

31. 答案： D。根據整段話的意思可知，"我"對藝術家的認知和人們對於藝術家的一般認知是截然相反的，故可排除選項A。而"稀缺"和"稀少"一般均用於褒義的場合，顯然，"發瘋"的藝術家並不適合用這兩個詞來形容。從本文後半部分可以看出"我"認為藝術家很少有人們一般認為的那種"神經質"的行為，所以用"少見"比較合適，故選D。

32. 答案：B。根據句意，第一處橫線上應填一個轉折詞，因此選項A不正確。從給出文字的第二句我們可以知道作者想要表達的意思是今天的人類和石器時代的狩獵者的智力本質是相同的，故可排除選項C和D而選B。

33. 答案：A。通讀全句，可知需要填入的兩個詞語應有相反的關係，且從句子的前半部分看，領導者一般會把成功歸因於競爭意識，突顯個人能力，這也比較符合常理，故選項A正確，而排除其他三項。

34. 答案：D。本句包含兩個層次的轉折，“然而”一詞引領的是第一個層次的轉折，“雖然……但是……”引領的是第二層次轉折，由此我們可知橫線處應填的是與“壓力”相對的詞語，給出的4個詞中，“輕鬆”是最佳答案，故選D。

35. 答案：B。“巧奪天工”形容藝術品非常精致，不能用於形容“幹活”，故A不選。“盡善盡美”形容非常完美、沒有缺陷；“任勞任怨”指做時不怕吃苦，勤勤懇懇，聯繫句子的後半部分，“盡善盡美”、“任勞任怨”應該不會“惹惱”魯班，只有“別出心裁”才可能讓人生氣。所以選項B正確。

36. 答案：A。根據句意該段文字主要説明節約不難做，是一件很容易的事情。而“瑣碎”是指細小零碎，側重於細微；“日常”與下文重複，“普通”側重於常見。結合句子內容，A選項為最佳選項。

37. 答案：D。首先，通讀全句，將“遺憾”、“掃興、填入橫線中，明顯與上下文的語境不符，所以選項A. B不正確。其次，比較“驚奇”與“意外”，“驚奇”側重於“驚”，程度較“意外”大，而從句中“理所當然”，“不是……而是”這些詞語可看出只是讓人感到“意外”而沒有到“驚奇”的程度，故選D而不選C。

38. 答案：B。根據《拾穗者》這個名稱，可能知道畫的內容是撿拾麥穗的場面，此時4個選項中的形容詞都可用形容於該場面。緊接着出現了“可是”一詞説明句中包含了一個轉折的意思在裡面，即該畫所產生的實際效果與作者的預期是不一樣的。則結合語境，可知“平凡”是最恰當的。所以，選項B是正確答案。

39. A　　40. A　　41. C　　42. B

43. D　　44. C　　45. B

中文運用
模擬測驗(二)

限時四十五分鐘

(一)閱讀理解

I. 文章閱讀(8題)

閱讀以下兩篇文章，在有關問題中選出最適合的答案。

歷史的吊詭

最近讀了一篇敘利亞的寓言式文章，印象很深刻，妙文共賞，值得公諸同好。內容大意如下：

對於囚籠中的老虎而言，森林已變得遙遠，可牠仍然無法忘懷森林。他怒視著籠子四周正以好奇的眼神注視著牠們的人們。馴獸師對老虎說：「你必須服從我，因為我擁有食物。」籠中虎仍然在回味來去如風、無拘無束地追趕獵物的日子，對馴獸師以食物為餌的利誘不瞅不睬。第二天，老虎仍然不吭聲。馴獸師對老虎說：「你不餓嗎？你肯定在飽受饑餓煎熬。說聲餓，你就會有肉吃。」老虎說：「我餓！」老虎終於獲得肉食。馴獸師知道老虎入了圈套，永遠不能得救了。第三天，馴獸師對老虎說：「如果他今天想得到食物，就得按我的要求來做。」馴獸師的要求很簡單，要老虎此刻在籠裏繞圈打轉，等他說停，牠就停下。老虎心想：「這要求不過小事一樁，我何必因為固執而挨餓！」於是繞起圈來照馴獸師的話做。馴獸師命令老虎停，老虎立即停。老虎很快獲得肉食。馴獸師對學徒們說：「幾天後他就變成紙老虎了。」

第四天，老虎對馴獸師說：「我餓了，命令我停下來吧。」馴獸師對老虎說：「今天你得學貓叫，才有吃的。」老虎學了貓叫，馴獸師卻皺了眉，責備道：「模仿得很差勁。你把咆哮當貓叫嗎？」老虎又學了一回，可馴獸師依舊緊縮眉頭，呵斥道：「停停停！還是不行。今天你就自己練習吧，我明天檢查。如果學得像就有的吃的，要是不像就別想吃。」老虎哀傷地呼喚森林，可惜森林很遙遠。第五天，馴獸師對老虎說道：「來吧，你要是模仿得像貓叫，就會得到一大塊鮮肉。」老虎模仿了，馴獸師鼓起掌來，高興地說：「棒極了！真像是二月的貓叫。」於是扔給牠一大塊肉。

第六天，馴獸師剛靠近老虎，老虎就迫不及待地學起了貓叫。可是馴獸師還是皺眉不語。老虎說：「我已經學貓叫了。」馴獸師說：「這回改學驢叫。」老虎正色道：「我是老虎，森林裏的百獸都懼怕我。讓我學驢叫？我寧死不幹！」馴獸師一言不發地離開了虎籠。第七天，馴獸師和顏悦色地來到籠前，對老虎說道：「你不想吃東西嗎？」老虎說：「我想。」老虎努力地回憶森林，但腦中一片空白。牠雙眼一閉，學起了驢叫，馴獸師說道：「學得不行，但是出於同情心，我還是給你一塊肉。」第八天，馴獸師對老虎說：「我要作一段演講，講完了你要鼓掌叫好。」老虎說：「我會鼓掌的。」馴獸師開始演說：「公民們……此前，我們曾多次闡述對一些命運攸關的立場，這一立場堅定而明確，無論敵對勢力玩弄了什麼陰謀都不會改變，憑著信仰我們必勝！」老虎說：「我聽不懂。」馴獸師說：「我說什麼你都要叫好，並且鼓掌。」老虎說：「請原諒。我沒有文化，是個文盲，你講得很精彩，讓我鼓掌我就鼓掌吧。」老虎鼓了掌，馴獸師卻說道：「我討厭偽善和偽善家，作為懲罰，你今天不能吃東西。」第九天，馴獸師抱來一捆草扔給老虎，說：「吃吧。」老虎說：「這是什麼？我是肉食者。」馴獸師說道：「從今天開始你只能吃草。」老虎餓極了，就試著吃草，草的味道讓牠大倒胃口，他厭惡地走開，但不久又回過頭來，慢慢地發現原來草也可以下咽。第十天，馴獸師、學徒、老虎和籠子全都不見了，老虎變成了國民，籠子即是城市。

我把這篇文章的故事內容轉述給一干文友聽，他們立即異中同聲地道：故事所說的城市會不會是指香港？但是董建華確是一個很蹩腳的馴獸師，非但沒把老虎馴養成功，還弄得籠子千瘡百孔，老虎也奄奄一息。

某些論者說董建華的最大功勞，就是成功落實香港的「一國兩制」。董建華是否真的成功落實「一國兩制」？首先要知道鄧小平「一國兩制」所布下的玄機。所謂項莊舞劍，意在沛公，換言之，鄧小平以「一國兩制」做跳板，只是手段，其目的是做給台灣看的，使台灣老百姓不必怕中國統一。鄧小平要香港維持資本主義制度及生活方式五十年不變，還要確保香港的繁榮安定，結果香港在董建華管治七年下來，老百姓的生活素質如坐滑梯，一落千丈，社會鬧哄哄的，既不安定也不繁榮，最後中央要被迫出手，結果弄到彼岸台灣更以香港這塊壞樣板為口實，對「一國兩制」敬而遠之，無形中助長了台獨的勢力。若果鄧小平地下有知，不大為搖頭歎息幾希矣！

董建華是老好人，希望「香港好，國家好；國家好，香港更好」，可惜缺乏政治智慧和管治能力。他的被委以重任，是香港人的悲哀。

中方終於明白管治香港需要像曾蔭權這樣的技術官員。如果——錢鍾書先生說「如果」是天下最美好的字眼——當年董建華能胸懷開闊一些，重用陳方安生這個熟悉香港運作而民望高的前政務司司長，中央和「愛國人士」也能像對曾蔭權一樣，不把她當作港英餘孽而加以招攬，這樣，回歸後的香港歷史將改寫，「香港好，國家好；國家好，香港更好」也將指日可待，進而可為台灣的統一鋪好路基。果真如此，董建華不但不是歷史罪人，還是歷史功臣。

輯自潘耀明〈歷史的吊詭〉，載於《明報月刊》2005 年 4 月號的開卷辭。

1. 作者屢次提及「森林」，寓意何在？

A. 與囚籠作出強烈的對比。

B. 描述老虎已不能回復的狀態。

C. 以本有性質作為對現有生活的控訴。

D. 暗示老虎骨子裏對本有文化的懷念。

2. 第二自然段末，馴獸師說「幾天後牠就變成紙老虎了」，作用是甚麼？以下哪點最適合？

A. 指出就算是老虎，也一樣可以被馴服。

B. 暗示時間才是馴服老虎的關鍵因素。

C. 在學徒面前顯示馴獸師的先知先覺。

D. 暗示面對壓迫，即使是威猛的老虎也變得無能。

3. 既然老虎鼓了掌，為什麼仍然得不到食物？

A. 因為這是善於玩弄權術的馴獸師馴服老虎的一個策略。

B. 因為平生最討厭偽善者的馴獸師認為老盲很偽善。

C. 因為馴獸師認為老虎不夠馴服，所以要懲罰牠。

D. 因為馴獸師發現老虎是個文盲，很失望。

4. 作者兩度引用「香港好，國家好；國家好，香港更好」，有甚麼作用？

A. 總結全文，作為統治者應該怎樣看敘利亞寓言的註腳。

B. 指出董建華的期望與實際管治效果之間的誤差。

C. 指出董建華的期望不符合香港市民的心願。

D. 批評董建華不是合格的馴獸師。

我們正在失去甚麼

誠實作為一種優良品質，在道德上歷來是備受推崇的。但道德評價與歷史評價常常相互背離：當道德對誠實給予高度肯定的時候，它從政治或經濟方面得到的回應有時恰好是否定性的。伽利略捍衛、宣傳「日心說」，塞維爾特提出「血液循環說」，都是誠實的表現，你們也因了這種深刻的誠實而為當代和後世所景仰，但是他們的誠實卻動搖了上帝的地位從而得罪了教會，因此在受人尊敬的同時，不是被燒死、就是被禁閉。對誠實的否定固然令人遺憾，但尚可從精神上、道德上的肯定中得到彌補：誠實的人面對誠實給他帶來的困境時，他可以從中引發一種做人的高貴感、豪邁感、莊嚴感，也可以自我滿足、自我安慰、自我平衡。

社會發展到今天這個地步，對誠實的物質否定要文明得多、溫和得多了，人們已不必因擔心再說真話而衣食無著、走投無路。但誠實的人們卻發現：當誠實在政治上已大體不成問題的時候，在道德上或多或少失去了庇護，金錢至上的觀念正在大面積地蠶食著人們的靈魂，金錢標準居然已成了不少衡量一個社會地位和公眾形象的標準，大把的票子不僅可以將一個人塑造成能幹的人，而且會將他包裝成高尚的人。至於他的金錢來歷如何，一概無須過問。人們只看目的和結果，而不在乎原因和手段。這種實用主義的處世觀、做人觀，大力擴展了社會道德的包容性，其重要表現就是現在的社會對吹牛、說謊等不誠實行為的寬容。相形之下，誠實的人們為了保持自己的誠實所做的種種努力，就顯得軟弱無力，可憐無助了。面對兩種品格的大拼殺，「道德」不僅沒有如給掙扎中的誠實者助一臂之力，甚至將他們嘲弄一番：它不是讓不誠實者為他們的不誠實而內疚自責，卻是讓誠實者為他們竟然不能放棄自己的誠實而自慚形穢。

市場經濟的發軔解放了人們曾經備受壓抑的自然本性，而市場經濟本身卻沒有也來不及為人們自己本性的張揚勾畫一個界限，於是我們看到了這樣一種現象，誠實的堤坎以日甚一日的速度被一段一段沖決了。比如筆者有一個當教師的朋友，填寫副教授申報表的「外語水平」欄時，不按照統一口徑填寫「熟練閱讀」，卻據實寫了「略知一二」，但「略知一二」卻不符合副教授的任職條件，所以他很輕鬆地就被淘汰，直到次年填了「熟練閱讀」，才獲取了副教授的頭銜。相對於大多數教授們的外語水平來講，「略知一二」本來還是他的優勢，但能否評上副教授，主要並不在於你的外語程度怎麼樣，而在於你怎麼說。至於那些經驗材料、報告之類的公文裏有多少水份，人們早已不想去辨別。

現在，物質產品生產領域和精神產品生產領域的「打假」活動聲勢正旺。但我總懷疑這類活動能否取得甚麼大的成效。產品假不過是心靈假的一種外化和物化形態，心中缺少了誠實，假冒偽劣產品能少得了嗎？

選輯及改編自徐勝編《全國名牌大學附中題庫精編——高中語文》，頁 124 至 125。上海：東方出版中心。

5. 第一段自然段闡述的中心論點是甚麼？

A. 誠實作為一優良品格，在道德上歷來備受推崇。

B. 誠實的道德評價與歷史評價常常相互背離。

C. 對誠實的否定可以從精神上、道德上的肯定中得到彌補。

D. 當道德對誠實給予肯定時，從政治或經濟得到的回態有時恰好是否定的。

6. 對第二自然段「這種實用主義的處世觀、做人觀，大大擴展了社會道德的包容性」的實質的闡釋，最貼切的是哪一項？

A. 吹牛、說謊等行為本來就無傷大雅，能包容就包容。

B. 誠實不符合實用主義的處世觀、做人觀，所以社會道德要加以嘲弄。

C. 社會道德標準被扭曲，金錢標準成了衡量社會地位和公眾形象的重要標準。

D. 社會道德不再去追究金錢的來歷。

7. 對第三自然段中「發軔」一詞的解釋，切合文意的是哪一項？

A. 啟動

B. 開拓

C. 初創

D. 實行

8. 作者在結尾中說「我總懷疑這類活動能否取得甚麼大的成效」的根據和所表達的意思是甚麼？

A. 假冒的心靈與形態是人類永遠不能做少的事實。

B. 外化與物化正值興旺，假冒與偽劣就應運而生。

C. 假冒偽劣的產品永遠存在於當代社會之中，只有心靈才是真實。

D. 產品假的心靈假的外化和物化形態，只有改造人們的心靈才能從根本上解決問題。

II. 片段／語段閱讀（6題）

閱讀文章，根據題目要求選出正確答案。

9. 即使社會努力提供了機會均等的制度，人們還是會在初次分配中形成收入差距。由於在市場經濟中資本也要取得報酬，擁有資本的人還可以通過擁有資本來獲取報酬，就更加拉大了初次分配中的收入差距，所以當採用市場經濟體制後，為了縮小收入分配差距，就必須通過由國家主導的再分配過程來縮小初次分配中所形成的差距，否則，就會由於收入分配差距過大，形成社會階層的過度分化和衝突，導致生產過剩的矛盾。

   這段文字主要談論的是：

   A. 收入均衡難以實現

   B. 再分配過程必不可少

   C. 分配差距源於制度

   D. 收入分配體制必須改革

10.調查顯示，新聞記者的職業和網絡的關係密切。但只佔上網人數的1.8%。與大量青少年學生網民（佔總數的19.3%）相比，教師和黨政企事業單位的領導幹部上網太少（分別佔網民總數的5%和3.4%）；與月收入500元以下和500元~1000元的人群（分別佔網民總數的21%和29%）相比，收入較高的人們的上網比例並沒有很大提高；從事商貿活動的人員上網人數只佔總數的5.8%。

與這段文字文意相符的是：

A. 職業與上網沒有直接關係

B. 網絡成為現代人獲取信息的主要來源

C. 電子商務沒有在中國獲得真正的發展

D. 收入越高，上網人數的比例越高

11.電子產品容易受到突然斷電的損害，斷電可能是短暫的，才十分之一秒，但對於電子產品卻可能是破壞性的。為了防止這種情況發生，不間斷電源被廣泛應用於計算機系統，通訊系統以及其他電子設備。不間斷電源把交流電轉變成直流電，再對蓄電池充電。這樣，在停電時，蓄電池即可以彌補斷電的間歇問題。

這段文字主要談論的是：

A. 斷電對電子產品的損害

B. 如何用蓄電池防上斷電損害

C. 防止斷電損害電子產品的辦法

D. 不間斷電源的工作原理及功能

12.城市競爭力的高低，從本質上講，不僅僅取決於硬環境的好壞——基礎設施水平的高低、經濟實力的強弱、產業結構的優劣、自由環境是否友好等，還取決於軟環境的優劣。這個軟環境是由社會秩序、公共道德、文化氛圍、教育水準、精神文明等諸多人文元素組成的。而這一切主要取決於市民的整體素質。

這段文字意在說明：

A. 人文元素組成了城市競爭力的軟環境

B. 軟環境取決於市民的整體素質的高低

C. 城市競爭力由硬環境和軟環境共同決定

D. 提高市民整體素質有助於提高城市競爭力

13.許多國家的首腦在就職前並不具的豐富的外交經驗，但這並沒有妨礙他們做出成功的外交決策。一個人，只要有高度的政治敏感性、準確的信息分析能力和果斷的勇氣，就能很快地學會如何做出的成功的外公決策。對於一個缺少以上三種素質的外交決策者來說，豐富的外公經驗並沒有什麼價值。

這段文字在說明：

A. 外交經驗無助於做出正確的外交決策

B. 外交經驗來自於經年累月的外交實踐

C. 成功的外交決策因人而效果有所不用

D. 外交決策者的素質比外交經濟更重要

14.以制度安排和政策導向方式表現出來的集體行為，不過是諸多個人願意與個人選擇的綜合表現。除非我們每一個人都關心環境，並採取具體的行動，否則，任何政府都不會有動力（或壓力）推行環保政策。即使政府制定了完善的環保法規，但如果每個公民都不主動遵守，那麼，再好的環保法規也達不到應有的效果。

這段文字主要支持的一個觀點是：

A. 政府有責任提高全民的環保意識

B. 完善的法規是環保政策成敗的關鍵

C. 政府制定的環保法規應該體現公民的個人意願

D. 每個公民都應該提高自己的環保意識

(二)字詞辨識(8題)

選出沒有錯別字的句子。

15. A. 這種漸進式改革沒有前車可鑑，只能「摸石過河」，許多改革都是先試點、取得良好效果後再推廣。

    B. 連日來，台灣外交部門對於獻金醜聞之吾其詞，總統秘書長蘇貞昌則指稱此事疑為中共操弄，這正是民進黨典型的化身脱逃魔術。

    C. 香港人與祖國血溶於水的親情，香港人對身為中國人而自豪的心態，從未磨滅。

    D. 清朝早後期，皇帝和重后都搬至西六宮等地去了，最著名的是養心殿，從雍正皇帝起，這裏就成為帝王理政和寢居之所，慈禧太后也在此垂簾聽政，時間長達40餘年。

16. A. 警務人員擁有截停及查問任何型跡可疑人士的一般權力。

    B. 警方表示疑兇在庭上承認殺人後還押聽後發落，預料會被判處終身監禁。

    C. 在杜葉錫恩議員要求下，政府當局答應提供統計資料，分別開列近年警務人員在市民示威行動人受傷及消防員在執行職務期間受傷的人數。

    D. 值得注意的是，台中市不到兩個月內已有五條人命慘死槍下，其中三個都是在光天化日之下持槍行兇，包括酒店大亨柳東坡情殺案及海線黑道吳東遭追擊，以及今天的街頭火拼，治安亮起紅色警戒燈。

17. A. 薩摩亞是金槍魚的傳統魚場，九三年來，周圍漁場的漁獲已經得到恢復

B. 在生活節奏越來越快的今天，方便食品逐漸受到人們的青睞，而速凍食品銷量的日益攀升使得商家不得不對其另眼相看，加大其銷售規模。

C. 香港不但是購物天堂，也是美食天堂；分佈全港的各種小餐館24小時營業，隨時提供各種不同的當地美食給飢腸碌碌的食客。

D. 港人喜歡生食海鮮，或是將海鮮煮至半生不熟，以保其鮮味，這樣可為細菌提供了乘虛而入的良機。

18. A. 比起紅杏出牆來，出軌更為直接地道出了婚外情的本質，就是偏離了既定的軌道，走向未知的世界。

B. 危機管理人一定要迅速評估當時情況，進行分析，然後作出關鍵性的決定，做事一定要決段英明，因為一拖延，後果將會更為嚴重。

C. 今日的社會，由於勢風日下，一般人對於善惡的分辨，往往是極之模糊不清的。

D. 社會應加強訓練非華籍的婦女及青年成為義工或朋輩輔導員，以協助有需要的小數族裔家庭。

19. A. 很久沒有如此熱設「關心」一套電視劇了。

B. 研究生教育泡沫化，受害者首先是學生。

C. 這個「從屬主人」大抵是指香港市民。

D. 屋外杏花已經開始嘗試著爭奇鬥妍。

20. A. 五四運動前後，外公陶希聖才十五歲，在北京大學預科讀書。

B. 對於囚籠中的老虎而言，森林已變得遙遠，可牠仍然無法忘懷森林。

C. 政府按照家長的選擇，斬令小學一學生不足二十三人的小學停辦。

D. 港府向外界聘請顧問已經有多年歷史，並建立了一套詳盡的規例。

21. A. 頒獎典禮及晚宴，參加的人數逾二百人，不小是來自世界各地的作家協會會長、傳媒負責人和獲獎者及其家屬，新知舊友，濟濟一堂。

B. 金風送爽，丹桂飄香。經過兩年多時間的醞釀、籌備、徵稿、評審，首屆世界華文旅遊文學徵文獎在來自北京的李祥霆教授千年古琴聲中遏曉。

C. 要通識教育背付上過於沉重的包袱，結果是引來廣大老師的憂慮與抗拒，最後只會弄巧反拙。

D. 這偵畫表現的是一位皇家騎隊的年輕騎兵正在吹短笛，馬奈沒有加著事性的背景成份，人物用大色塊處理。

22. A. 我在淅江大學擔任文學院院長時，有人説我學問不好，不夠做院長。

B. 我們該怎樣自處？我們缺乏了什麼裝備？

C. 多種因素摧生了現象主義。

D. 曾先生的「任務」很清楚，他的工作是駕預香港的「從屬主人」，改善施政。

(三)句子辨析 (8 題)

選出有語病的句子：

23. A. 我們深信：網路是一種主義，一種信仰，一種力量，是人類文化未來發展的最主要方向。

    B. 有人喜歡看雲，有人喜歡拍攝雲，把那些變化萬千為我們帶來無盡遐想的彩雲用攝影「定型」下來，真是一件很有趣的事。

    C. 我們可以預見氣候改變所帶來的驚人變化，即使不清楚其影響，都應該及早未雨綢繆，預作準備。

    D. 科學界長久以來對人類起源與演化過程爭論不休，兩種針鋒相對的學派（「非洲起源說」和「多地區起源說」），各有不少擁護者。

24. A. 歷史告訴我們，權力和腐敗總是相伴的。一個政黨一旦掌握了權力，就必然面對腐蝕與反腐蝕的考驗。

    B. 懂得什麼時候說話，是一種智慧，懂得什麼時候不要說話，更是一種智慧。

    C. 他曾經在旺角開了一間精品店，不過生意不好，最後終於實行關門大吉。

    D. 學習一門手藝，能掌握技術達到熟練的程度不容易，也很重要，但小心同時也會造成局限，限制了自己的創意。

25. A. 這類小說的口號和旗幟十分鮮明：面向大眾和消費，藝術水平不在考慮範圍之內。

B. 中國人應該不算太愛笑的民族吧！尤其是對陌生人。

C. 處理器設計這行業內有項不成文的規定：使用同一種設計，為一同市場推出不同的處理器。只有這樣，才能拉高平均售價，確保整體利益。

D. 一種可以埋在死去親人棺材旁，與死人說「悄悄話」手機的發明，給了那些懷念逝去親人，想與親人「交談」的人以極大的慰藉。

26. A. 出版品分級制是時下既不危及言論自由，又能相當程度保障兒童及少年身心的一種良好制度。

B. 在這件事中，可以表示他是一個很有悲天憫人情懷的人。

C. 當遇見了眼鏡蛇時，人們往往被它伸出的舌頭和具有侵略性的響聲給嚇壞了，其實眼鏡蛇膽子很小，它發出的響聲以欺敵的成份居多。

D. 我是對時間甚無確切觀念的人，總是放下手中重要的事務出去玩，再回來熬夜到天明，把生活的規律搞個一團槽。

選出沒有語病的句子。

27. A. 我國向太平洋預定海城發射的首枚運載火箭獲得圓滿成功。

    B. 「神舟號」飛船發射成功，世人不得不承認中國擁有進入國際載入航空技術領域的能力？

    C. 我國將於5月12日至6月10日由本土向太平洋南緯8度零分、東經171度32分為中心，半徑7海里圓形海域範圍的公海上，發射運載火箭。

    D. 凡在科學研究上有傑出成就的人，不少是在客觀條件十分艱難困苦的情況下，經過頑強刻苦的努力下才獲得成功的。

28. A. 在適當的階段對所學知識進行及時的總結，是他取得優異成績的一條成功經驗。

    B. 有沒有好的學習方法，是提高學習成績的一個不可少的因素。

    C. 對兩院院士歷來為中國現代化建設作出的重大貢獻，我們表示衷心的感謝和親切的慰問。

    D. 古埃及文字和巴比倫楔形文字雖然比漢字來源可能更遠，但早在紀元前就已經不再通行，而漢字延續至今仍是正式通行的記錄漢語的書寫符號。

29. A. 建國初的故宮博物院的文物僅是昔日紫禁城藏品的十分之一，書畫卷冊就更微乎其微了。

B. 我們的祖先在這塊神奇的土地上創造了燦爛的物質文明和精神文明，具有民族特色的文化傳統，為人類文明做出了貢獻。

C. 不加選擇地讀書，這種現象在青年中普遍存在，現在是幫助他們解決怎樣讀書的方法問題的時候了。

D. 可惜，這部在他心中醞釀了很久，即將成熟的巨著未及完篇，就過早地離開了我們。

30. A. 為了摸清發病的規律，我們醫院掛著幾個機構，經常進行調查研究。

B. 她從報紙上看到了香港醫院採用新技術，為小兒麻痺後遺症。兩腿長度不一的患者施行肌骨一次延長手術。

C. 在家人和朋友的關心照顧下，他終於痊癒了。

D. 感冒的主要表面是上呼吸道局部的炎症為主，並出現高燒、高疼、咳嗽等症狀。

(四)詞句運用 (8 題)

選擇正確的字詞以完成句子：

31.去世100年後，挪威最偉大的文學家______是易卜生，他給挪威民族帶來的榮譽，比別的任何挪威人都要多。然而，這個人生前從不______自己的國家是挪威——他是他自己的祖國和上帝。

填入橫線部分最恰當的一項是：

A. 已經　知道　　B. 始終　認為

C. 依然　承認　　D. 公認　希望

32.美元貶值可以有效提高美國企業的國際競爭力，同時打擊其他國家對美出口能力。而促使美元貶值的有效手段就是抬高市場的原油價格，使人們對經濟前景持______態度，______美元下跌。

填入橫線部分最恰當的一項是：

A. 悲觀　帶動　　B. 觀望　遏制

C. 懷疑　阻止　　D. 樂觀　導致

33.鈞瓷以其古朴的______，精湛的______，復雜的配釉，湖光山色、雲霞霧靄、人獸花鳥蟲魚等變化無窮的圖形色彩和奇妙韻味，被列為中國宋代“五大名瓷”之首。

填入橫線部分最恰當的一項是：

A. 造型　技術　　B. 外形　工藝

C. 外形　技術　　D. 造型　工藝

34.我在繁忙的工作之餘，時常拿起相機，游走於城市的大街小巷，去探尋城市中那些______的古跡和古跡後面那些有韻味的老故事。

填入橫線部分最恰當的一項是：

A. 聞名遐邇　　B. 門庭冷落

C. 鮮為人知　　D. 人跡罕至

35.由於疏於______，院裡的房屋大多十分陳舊，與旁邊修建得簇新的正乙祠戲樓相比要______得多，不過在院中我們依稀還可以看到正乙祠當年的身影。

填入劃橫線部分最恰當的一項是：

A. 修飾　寒酸　　B. 修葺　遜色

C. 管理　破敗　　D. 維護　雜亂

36.發展與壯大文化產業，既要盯着市場做文章，______文化生產部門的自我生存能力，最大限度地讓文化產品增值；又不能唯市場是從，一味______市場低層次需求，讓那些格調不高的文化產品大行其道。

填入橫線部分最恰當的一項是：

A. 擴大　限制　　B. 維護　滿足

C. 提高　降低　　D. 增強　迎合

37.人在知覺過程中，不是______地把知覺對象的特點登記下來，而是以過去的知識經驗為依據，力求對知覺對象做出某種解釋，使它具有一定的意義。

填入橫線部分最恰當的一項是：

A. 被動　B. 主觀　C. 積極　D. 簡單

38.心理學家發現，手勢和話語在交流時具有同樣的豐富性，手和嘴______表達着說話人的意思。人們聽故事時，如果在聽到聲音的同時能夠看見講故事人的手勢，他們對故事理解的準確度要比______聽到聲音時增加10%。

填入橫線部分最恰當的一項是：

A. 分別　單純　　B. 共同　單純

C. 獨立　單獨　　D. 一致　單獨

將下列句子排列出正確次序：

39.（1）飛鏟

（2）帶球過人

（3）踢足球

（4）腳扭傷跑

（5）去醫院治療

A. 3－5－2－4－1

B. 2－3－4－1－5

C. 3－2－4－5－1

D. 3－2－1－4－5

40.（1）起跳

（2）準備活動

（3）觀眾歡呼

（4）助跑

（5）越過橫杆

A. 3－2－4－1－5

B. 2－4－5－3－1

C. 1－4－2－3－5

D. 2－4－1－5－3

41.（1）立案偵察

（2）翻牆進入銀行

（3）撬開金庫保險櫃

（4）抓住罪犯

（5）盜走巨額現金

A. 4－2－5－1－3

B. 1－2－4－3－5

C. 2－3－4－1－5

D. 2－3－5－1－4

42.（1）風和日麗

（2）掃興而歸

（3）天氣驟變

（4）遊八達嶺

（5）雷電交加

A. 2－3－4－5－1

B. 4－1－2－5－3

C. 3－4－5－1－2

D. 1－4－3－5－2

43.（1）見一幼童在馬路邊哭

（2）去幼稚園接孩子

（3）找到了孩子的媽媽

（4）將兩個孩子帶回家

（5）在路邊等孩子的家長

A. 5－1－3－2－4

B. 2－1－5－4－3

C. 1－3－2－5－4

D. 2－4－1－5－3

44.（1）閱讀策略主要由閱讀方法及元認知構成

（2）像寫筆記、用熒光筆來強調重點、在書上註評等

（3）然而，它們又有著密切的關係

（4）閱讀方法是指對讀物的編碼、儲存、提取及運用等方法或技能

（5）首先要清楚及了解的是閱讀方法並不等同閱讀策略

A. 1－3－4－2－5

B. 1－5－3－4－2

C. 2－5－4－1－3

D. 2－1－3－5－4

45.（1）小說創作便如編織森林

（2）意大利小說家艾柯以森林為小說隱喻

（3）在短短六星期裏，我看見許多細小而美麗的森林正在寫作班陸續形成

（4）在搖曳的樹影之下，他們閃著奇異的光向我招手，邀請我入林漫步

（5）－森林裏有住在冰箱的皇帝企鵝、不斷豢養及吃掉各種寵身的「我」……

A. 2－3－1－5－4

B. 3－2－1－5－4

C. 2－1－3－5－4

D. 3－5－4－2－1

-全卷完-

【模擬測驗(二)答案】

(一)閱讀理解

I. 文章閱讀(8題)

1. C　2. D　3. A　4. B

5. B　6. C　7. A　8. D

II. 片段/語段閱讀(6題)

9. 答案:B。從結構上分析,這段文字整體是一個"……所以……"的因果關係複句,因果關係複句的重點往往是在後半部分,即"必須通過由國家主導的再分配過程來縮小初次分配中所形成的差距"。文中"否則"引領的句子是從反面進一步說明再分配過程的必要性。這樣這段文字主要表達的意思是再清楚不過了,即再分配過程必不可少,故選項B正確。選項A只涉及本段文字想要表達的內容的原因部分,不能涵蓋所要表達的意思,所以不正確。選項C、D的內容在這段文字中沒有提及,故不正確。

10. 答案:A。本題可以採取排除法。仔細閱讀會發現,BCD三項在文中都沒有證據支持,只有A可以得到驗證:"新聞記者的職業和網絡關係密切,但只佔上網人數的1.8%,可見職業與上網沒有直接關係,因此本題應該選項A。

11. 答案:D。本段文字共有四句話,分別指出了斷電的破壞性,不間斷電源的應用及原理和功能。對解題有幫助的是第二句話"為了防止這種情況發生,不間斷電源被廣泛應用於計算機系統,通訊系統以及其他電子設備"。這種結構類型的句子重點通常是不間斷電源的工作原理和功能,這樣可以看出本段文字的主要談論對象為不間斷電源,故應當選D,同時也排除了選項A、B。而選項C不正確,是因為它過於寬泛,沒有涵蓋文章第三、四句的內容。

12. 答案:D。整段文字從城市的競爭力談起,認為城市競爭力的高低部分取決於軟環境,而軟環境又主要取決於市民整體質素。由此可以反推出,市民整體素質的提高對城市競爭力有很大影響。所以,應該選D。選項A、C都不是本文"意在說明"的要點;選項B的敘述過於絕對,"主要取決於"不等於"取決於",與題意不符,故都予以排除。

13. 答案：D。這段話的第一句以事例說明外交經驗對於做出成功的外交決策沒有直接關係；第二句話列出一個人能做出成功外交決策所應當具備的三種素質。最後兩小句又對外交經驗和三種素質進行比較，從側面得出外交決策者的素質比外交經驗更重要的結論，故選項D正確。選項A的說法過於絕對，這段文字並沒有說外交經驗"無助於"外交政策。而這段文字既沒有說明外交經驗的來源，也沒有涉及外交決策效果的相關內容，所以選項B、C都不正確。

14. 答案：D。這是一道觀點支持型題目，要求找出作者支持的一個觀點。解答此類題目的關係是要結合原文。這段文字的物二句話表明了作者的觀點，即每個公民都應該提週自己的環保意識，以避免環保政策達不到效果。所以，選項D正確。這段文字主要強調的是"我們每一個人"，所以選項A可以排除。選項B與本段文字所要表達的意思完全不私，故排除。選項C的內容在該段文字中沒有提及，也不正確。

（二）字詞辨識（8題）

15. 答案：A。B. 支吾其詞；C. 血濃於水；D. 垂簾聽政。

16. 答案：C。A. 形跡可疑；B. 聽候發落；D. 狙擊。

17. 答案：D。A. 漁獲；B. 青睞；C. 飢腸轆轆。

18. 答案：A。B. 決斷英明；C. 世風日下；D. 少數族裔。

19. 答案：D。A. 熱切；B. 泡沫；C. 大抵。

20. 答案：A。B. 囚籠；C. 勒令；D. 聘請。

21. 答案：A。B. 揭曉；C. 背負；D. 幀。

22. 答案：B。A. 浙江；C. 催生；D. 駕馭。

（三）句子辨析（8題）

23. C　　24. C　　25. A　　26. B

27. 答案：B。A. 成分多餘；C. 搭配不當；D. 前後矛盾。

28. 答案：D。A. 搭配不當；B. 前後矛盾；C. 搭配不當。

29. 答案：A。B. 成分殘缺；C. 句式推揉；D. 成分殘缺。

30. 答案：C。A. 搭配不當；B. 成分殘缺；D. 搭配不當。

（四）詞句運用（15題）

31. 答案：C。將“已經”和“公認”填入第一個選項中，原文語意顯然不通，故可首先排除A、D。“始終”是指由始至終、一直；“依然”側重於和原來一樣。易卜生生前就是挪威最偉大的作家，死後也是這樣，所以用“依然”比用“始終”更恰當。“認為”側重於自我判斷，“承認” 側重於認同既成事實。出生在哪個國家不是自己所能決定的，只存在承認不承認這個事實的問題，所以“承認”比“認為”更恰當。所以選C正確，選項B不正確。

32. 答案：A。題目中的後半部分講的是促使美元貶值的手段，故首先可排除選項B和C。其次，根據原文，美元貶值會“打擊其他國家對美出口能力”，故人們對經濟前景不會持“樂觀”態度，則D錯誤而應選A。

33. 答案：D。“外形”是指物體外部的形狀；“造型”是指創造出來的物體的形象。鈞瓷是被創造出來的，因此用“造型”比“外形”更適合。首先排除B和C選項。“工藝”是指將原材料或半成品加工成產品的工作方法、技術等。“技術”只是經驗和知識在生產過程中的積累，“工藝”比“技術”更適合。所以，正確答案是選項D。

34. 答案：C。“探尋”是用心仔細尋找的意思，用心仔細尋找的地方顯然不是“聞名遐邇”的，所以選項A不正確。“人跡罕至“是指很少人到達，常用來形容沒有人煙、偏僻荒涼的地方，修飾在城市中的古跡不合適，所以，選項D也不正確。“鮮為人知”指很少有人知道，這樣的地方才可以“探尋”，所以選項C正確。

35. 答案：B。聯繫下文理解可知第一條橫線上要填的詞語應該表達修理房屋的意思，則可初步排除選項A和C。文中已用“陳舊”來形容正乙祠的房屋了，在第二個空格外再填上“雜亂”就顯重複了，而用“遜色”形容正乙祠的“陳舊”對比對樓的“簇新”，就使原文語句連貫得多，故選B項。

36. 答案：D。第一個空格所填動詞的賓語是“能力”，一般而言，“維護”不能和“能力”配搭，故首先排除B選項。通讀整句話，第二空格處的那部分文字主要是補充説明“唯市場是從”的表現的，則“限制”和“降低”不正確，故選D是正確答案。

37. 答案：A。這段文字中有個關鍵的連接詞“不是……而是……”，表明該句話前後兩部分的意義是相對的。根據下文“力求對知覺對象做出某種解釋”可知，知覺過程是一個主動的過程，橫線上應填與之相反的詞語，因此選項A正確。“積極”和“主動”是近義詞，選項C不正確。後文強調的是“主動”性，不是複雜性，所以，選項D也不正確。選項B是為“客觀”相對的詞也不正確。

38. 答案：B。理解整句話的意思，作者想要說明的是“手和嘴一起表達着說話人的意思”，由此第一個空格處填的詞語應當有“一起”的意思，則“共同”為最佳選項。且“單純”是單一的意思，在第二條橫線處用“單純”更恰當，所以，選項B為正確答案。

39.D　40.D　41.D　42.D　43.B　44.B　45.A

中文運用
模擬測驗（三）

限時四十五分鐘

(一)閱讀理解

I. 文章閱讀(8題)

閱讀以下兩篇文章，在有關問題中選出最適合的答案。

一次語文學習座談會

最近，某刊物就中學語法教學問題組織了一次座談會，下面是其中四位教師發言。

陳：現在不少教育界同工提出在中學語文教學中淡化語法的主張，我以為還要進一步，把語法從教材中刪去。我國古人並不學語法之類，文章卻寫得很好。如先秦諸子、司馬遷、唐宋八大家等都不知語法為何事，然而他們的文章辭清句麗，琅琅上口，成為不朽的名篇，百代而不衰。現在的魯迅、郭沫若、茅盾等一代文豪也很少注意語法，但寫出來的作品卻文從句順，才華橫溢，令人百讀不厭。可見，不學語法也能掌握語言，而且能掌握得很好。因此，我不贊成給中學生講語法。而現在的中學生都叫苦不迭，這個問題已經到了非解決不可的時候了。

李：不少人並沒學過語法，文章卻寫得很好，這是事實。一個人如果平時注意語言，再多讀些好文章，自己説話寫文章就不知不覺地合乎一般規律。但我們不能因此否定語言有它的結構規律，更不應否定人家科學地掌握這個規律。建築天壇的勞動人民並沒有學過建築學，但是我們不能因此反對人家研究建築學。沿海的居民許多沒有學習游泳的方法，他們往往也游得很好，但我們不能因此反對體育教員傳授游泳的方法。我認為，學點語法，對中學生提高學習語文的效率是有好處的。當然，陳談到的中學語法教學現狀，我也有同感。這要靠語法教學的改進來解決。

張：學習語言一般有兩種方法，一是從語言綜合運用的範例學習，就是從聽中學說，從讀中學寫。所聽和所讀總是連貫的語言，一席說話，一篇文章，是說話的人或寫文章的人運用語言這個工具來訴說他的見聞、思想或感情。這些說話或文章，指導學生認真學習，遇到自己也要把類似的見聞、思想或感情向別人訴說的時候，就學著這樣說，這樣寫。這是學習語言的一種方法。對語言這個社會現象的研究是語言科學，它包括語音學、詞匯學、語法學、文字學等等，凡此種種語言科學的研究，其共同的目的是探索語言的各方面的規律，進而用這些規律來指導語言的實踐。從語言分析研究中得出的規律學習，掌握這些規律，並運用於聽說讀寫，這是學習語言的又一種方法。

從語言的綜合運用來學習語言，是一個傳統的、現在還普遍有用的方法，這種方法能取得一定的成效；但這只是事情的一個方面，事情還有另一個方面，那就是這種成效並不是能夠普遍取得的。中學語文教學效率低，其原因固然很多，但上述語言學習的兩種方法沒有處理好，也應該是重要原因之一。如果把從語言綜合運用的範例學習和從語言的分析研究得出的規律學習這兩種方法，比擬為兩條腿，那麼我們的中學語文教學，先是尊重前者，無視後者，是一條腿走路，後來有了改進，重視前者，輕視後者，是一跛一跛地走路，這是語法教學的現狀。所以，我們不同意陳先生的看法。誠然，語法教學在一定程度上脱離中築生的語言運用實際，這個問題應當解決，應當花大力氣來解決。

黃：(1)我認為，要使中學語法教學走出困境，一要簡化語法內容，而要加強實用性。(2)我們要記住中學語法教學的目的，不是為了要學生掌握語法這門學科，而是為了提高語言運用能力。(3)為此，那些用處不大的，學生不易出錯的東西完全可以刪去。不要怕損傷了體系的完備。(4)現在的語法教學常把名詞術語的解説和句子成份的分析當作教學的重點，似乎學習語法就是記住一些概念和分清那些「主謂賓」、「定狀補」，這樣學語法，用處確實不大。(5)名詞狀要不要講？要講；但不是最終目的，而是拿它做工具，來解説語法現象。(6)句子要不要分析？回答也是肯定的；但要進一步研究句子的特點和運用規律。(7)這樣學語法才能有用。(8)國外近二十年來，語法在教材中有所削減，同時又增加了新的內容，新添的內容主要著眼於實用，力求解決學生在應用中碰到的實際問題。(9)這對我們改進中學語法教學應當是一個很好的借鑒。

編選自汪麗炎編著《實用語文知識手冊》，頁 375 至 378。上海：世界圖書出版公司。

1. 李的發言中的畫線句子是對以下哪一句最好的詮釋？

A. 一個人如果平時注意語言，再多讀些好文章，自己説話寫文章就不知不覺地合乎一般規律。

B. 但我們不能因此否定語言有它的結構規律，更不應否定人家科學地掌握這個規律。

C. 學點語法，對中學生提高學習語文的效率是有好處的。

D. 要靠語法教學的改進來解決當前中學語文教學中的問題。

2. 下面這則論據，如果張用來證明自己的觀點，則和哪個選項不符？

「孩子們常給我們教訓，其一是學話。他們學話的時候，沒有教師，沒有語法教科書，沒有字典，只是不斷的吸取、記住、分析、比較，終於懂得每個字的意義，到得兩三歲，普通的簡單的話就大概能夠懂，而且能夠說了，也不大有錯誤。」(魯迅)

A. 學習語言的傳統方法能夠取得一定的成效。

B. 從運用語言的實踐中探索語言的各方面的規律。

C. 從語言綜合運用的範例學習。

D. 從聽和讀中學運用語言，是一種好方法。

3. 如果給黃的發言分層次，劃分正確的一項是：

A. (1)(2)——第一層
(3)(4)——第二層
(5)(6)(7)——第三層
(8)(9)——第四層

B. (1)——第一層
(2)(3)——第二層
(4)(5)(6)(7)(8)——第三層
(9)——第四層

C. (1)(2)(3)——第一層
(4)(5)(6)(7)——第二層
(8)(9)——第三層

D. (1)——第一層
(2)(3)——第二層
(4)(5)(6)(7)——第三層
(8)(9)——第四層

4. 下列說法中，哪一項是四個發言人都認同的？

A.中學語文教學應當取消語法教學。

B.中學語法教學應當改進。

C.目前中學語法教學有弊病。

D.不學語法就學不好語言。

教育署的書別字連篇

許多人都説，香港特區政府輕視中文，這一點可以討論；有關的書別字連篇，卻是有目共見。朋友送我一本有「教育署」標記的《單元教學的理念與實踐》，好讓我了解香港政府改革的一個層面。一經拜讀，看到這本小冊子只有一百零八頁，十六篇文章有十篇文字出錯，其中有的值得原諒，有的不該原諒。

不該原諒的錯：「重複」誤為「重覆」(兩次)、「源於」誤為「緣於」、「大抵」誤為「大柢」、「輻射」誤為「幅射」、「切磋」誤為「切嗟」、「密集」誤為「密雜」、「豪邁」誤為「毫邁」、「駕馭」誤為「駕鶩」、「取捨」誤為「取舍」、「橘紅」誤庶「桔紅」等等。這類詞的用字，我童年受教育時不會寫錯，怎麼今天管教育的倒弄錯呢！

值得原諒的錯，是不懂得區分「須」「需」二字不同用法。書中有「每單元後的考核是必須的」一句，「須」應為「需」；另「同學們無需、不願朗讀」一句，「需」應為「須」。所謂值得原諒，是「偉大領袖」毛澤東有時也將二詞混淆，未算「偉大」的大人弄錯又何足怪！

上述「取捨」誤為「取舍」、「橘紅」誤為「桔紅」兩例，都是拜漢字簡化之賜！「捨」、「舍」、「橘」、「桔」本來分工明確，是簡化將其攪亂。同類之例，此書還有「渡過」寫成「度過」、「委託」寫成「委托」等等，都是抹殺文字分工而造成混亂之例，有人濫用在先，已不該獨責此書作者了。

簡化誤人，例子多。此書其中一句：「只看見他臉上的亂發。」一望而知，「亂發」乃「亂髮」之誤，由於「發」與「髮」簡為一字，愛影響而中文水準低下的人，無能分辨「發」與「髮」，因而出錯。此書中另一句引自梁章鉅《楹聯叢話》，那是「不啻云爛星陳，海內翕然向風」，其中「云爛」乃「雲爛」之誤，蓋「雲」才可以對「星」，只因簡化使原來的「雲」變了「云」；顯然，此書作者看了用簡化字排印的《楹聯叢話》，不懂分辨，照抄出錯。

這一名「雲」「云」不分的作者，引用五代孟昶的春聯又出錯。原聯是：「新年納餘慶，嘉節號長春。」此人「年」寫成「春」，而「嘉」寫成「佳」，既不忠於原聯，也破壞了聯格（使此聯「春」字重複），貽笑大方。其實，記不清楚，應該查書核對，怎可以貪簡貪便，亂寫一通！

成語有「林林總總」，有「尋根究底」和「歸根結蒂」，都很容易從辭典查到，此書一作者將前一語寫成「林林種種」，另一作者將後二語合之為一而改了一字，寫成「歸根究柢」，非驢非馬。這也是讀書不求甚解而又懶於查書之過。

所舉各例，限於用字之失，且是隨手掇拾，就這本小冊子而言，也是未窺全豹。正因如此，顯得問題嚴重。看來，此書作者、編者、出版者都要負責；尤以擁有版權的教育署責無旁貸。奉勸有關人等：一則趕快提高中文水準，再則趕快端正工作態度，勿貪圖簡便，敷衍塞責！不然，何以面對莘莘學子？何以肩負改革教育這項重大使命？

編選自容若〈教育署的書別字連編〉，《明報月刊》(2005 年 11 月號)

5. 為什麼作者說「重複」誤為「重覆」是不該原諒的錯？

A. 因為兩字差別明顯，負責教育的官員不應搞混。

B. 因為錯了兩次。

C. 因為作者童年受教育時不會寫錯。

D. 因為這類的字學生常用。

6. 為什麼作者說「須」與「需」的誤用是值得原諒的呢？

A. 因為大人物有時也會混淆這兩個字。

B. 因為負責教育的官員不是大人物。

C. 因為這兩個字的用法較難分得清楚。

D. 因為不懂區分這兩個字的人太多了。

7. 以下哪一項不是作者認為的書別字連篇的原因？

A. 大人物濫用在先。

B. 簡化字抹殺文字分工而造成混亂

C. 編者工作態度不端正，貪圖簡便，敷衍塞責。

D. 中文教育水準下降。

8. 對於教育署的書別字連篇，受害最大的是誰呢？

A.學生。

B.教師。

C.教育署。

D.編者和出版社。

II. 片段／語段閱讀(6題)

閱讀文章，根據題目要求選出正確答案。

9. 法國語言學家梅耶說："有什麼樣的文化，就有什麼樣的語言。"所以，語言的工具性本身就有文化性。如果只重視聽、說、讀、寫的訓練或詞匯、和語法、規則的傳、以為這樣就能理解英語和用英語進行交際，往往會因為不了解語言的文化背景，而頻頻出現語詞歧義、語用失誤等令人尷尬的現象。

   總結這段文字想表達的是：

   A. 語言兼備工具性和文化性

   B. 語言教學中文化教學的特點

   C. 語言教學中文化教學受到重視

   D. 交際中出現各種語用錯誤的原因

10. 在今天的商業世界中，供過於求是普遍現象。為了說服顧客購買自己的產品，大規模競爭就在同類商品的生產企業之間展開了，他得經常設法向消費者提醒自己產品的名字和優等的質量，這就需要靠廣告。

   對這段文字概括最恰當的是：

   A. 廣告是商業世界的必然產物

   B. 各商家之間用廣告開長競爭

   C. 廣告就是要說服顧客買東西

   D. 廣告是經濟活動中供過於求的產物

11. 宇宙探索自開始以來一直受到指責，但我們已經成功地通過衛星進行遠程通信、預報天氣、開採石油。宇宙探索項目還會有助於我們發現新能源和新化學元素，而那些化學元素也許會幫助我們治癒現在的不治之症。

這段文字主要告訴我們，空間探索：

A. 利弊並存

B. 可治絕症

C. 很有爭議

D. 意義重大

12. 行為科學研究顯示，工作中的人際關係通常不那麼複雜，也寬鬆些。可能是由這種人際關係更有規律更易於預料，因此也更容易協調。因為人們知道他們每天都要共同努力，相互協作，才能完成一定的工作。

這段文字主要是在強調：

A. 普通的人際關係缺乏規律

B. 工作人員之間的關係比較簡單

C. 共同的目標使工作人員很團結

D. 維繫良好的人際關係要靠共同努力

13. 政府每出台一項經濟政策，都會改變某些利益集團的收益預期。出於自利，這些利益集團總會試圖通過各種行為選擇，來抵銷政策對他們造成的捐失。此時如果政府果真因為而改變原有的政策，其結果不僅使政府出台的政策失效，更嚴重的是使政府的經濟調控能力因喪失公信力而不斷下降。

    這段文字主要論述了：

    A. 政府制定經濟政策遇到的阻力

    B. 政府要對其制定的政策持續貫徹

    C. 制定經濟政策時必須考慮到的因素

    D. 政府對宏觀經濟的調控能力

14. 在新一輪沒有硝煙的經濟戰場上，經濟增長將主要依靠科技進步。而在解剖中國科技創新結構中，我們可以看出，在中國並不缺乏研究型大學、國家實驗室，最缺乏的是企業參與的研究基地以及研究型企業。企業資助、共建、獨資創立的科研機構，像美國的貝爾實驗室，就是這種研究基地。

    這段文字的主旨是：

    A. 要充分發揮企業在科技創新中的重要作用

    B. 中國不缺乏研究型大學，缺乏的是研究型企業

    C. 加強企業與的研究基地建設是中國經濟騰飛的必經之路

    D. 企業資助、共建、獨資創立的科研機構是提高企業效益的關鍵

(二)字詞辨識(8題)

選出適合填上橫線的字詞：

15. 從機艙的窗俯(1)______，下界是零星散落的村落、河谷、田野在灰愣愣的天空下凍裂了，一片蒼白，泛漾著油亮亮的銀光，地界與天界(2)______現著一種混沌沌的氣象。

    A. (1)望　(2)發

    B. (1)瞰　(2)呈

    C. (1)仰　(2)程

    D. (1)察　(2)表

16. 這株蝴蝶花可不(1)______是活了下來，它在生長，完全遵守著應有的程序生長，應和著那在人類還很年輕時就已很古老的節(2)______和力量。

    A. (1)僅僅　(2)奏

    B. (1)謹謹　(2)湊

    C. (1)唯唯　(2)拍

    D. (1)只有　(2)揍

17. 語言暴力是毒(1)_____，它是腐蝕社會的基本禮儀、基本精神(2)_____則、心靈準則和道德規範，造成社會心理的緊張、人際關係的仇恨與敵意。

A. (1)氣 (2)淮

B. (1)藥 (2)准

C. (1)品 (2)原

D. (1)菌 (2)準

18. 香港這一邊廂為了特區普選問題唇(1)_____舌劍，有「語不驚人誓不休」之勢；台灣那一邊(2)_____為了總統的選舉，語言不僅飽含火藥味，而且是充滿挑(3)_____、仇恨式的。

A. (1)箭 (2)箱 (3)著

B. (1)搶 (2)廂 (3)剔

C. (1)槍 (2)廂 (3)釁

D. (1)傷 (2)相 (3)戰

選出沒有錯別字的句子：

19. A. 有北國春城之稱的長春，為冰雪嚴嚴實實地包裹著。
    B. 在台灣，早已有人指出，社會上已湧現出一群語言暴徒甚至語言暴吏、暴君，從而使社會迅速惡質化。
    C. 環顧人類社會和眼下的香港，二十一世紀第四個春天的步伐是有點姗姗來遲了！
    D. 這種雙重標準是台灣社會不但無法在民主環境裏向上提升，反而是在民主沉淪。

20. A. 敵人做什麼都不對，而我做了和敵人同樣的事就一定對。
    B. 在這個寒冷疏疏、朔風凜凜的環境下，我們參加了「國際冰雪節」。
    C. 二十世界一場文化大革命，把語言暴力推向極端，中國社會語言像生了毒留，延禍華人世界，恁地是大國手要摘也摘不掉。
    D. 從外表看，中國人的嘴巴比大嘴巴的老外要小巧玲瓏，但往往噴出來的語言更兇更狼。

21. A. 華人社會成功打擊語言暴力成功之日，相信將是華人文化提升之時，也是創造出海峽兩岸統一、香港選舉制度順利過渡的鍥機。

B. 在香港，語言暴民隊伍也正在形成，一些傳媒公然提供了廣闊的溫床。

C. 向語言暴力宣戰是華人社會本世紀迫在眉捷的唯之唯大的事。

D. 原來人類在冰雪的身上也可以雕出春之頌曲，讓人們觸撫到春的衣抉。

22. A. 這種幽默不足、敗事有餘的舉措，如瘟疫散布，「理想之花」還未定放，便已夭折了！

B. 在民主的社會，我們不應握殺言論自由的空間。

C. 過去兩岸的緊張關係、香港不同政見者的互相攻扞,都是由「鼻下橫」的嘴巴惹起的,現在應是閉嘴的時候了！

D. 語言暴力在本質上是語言恐怖，深刻意義上的反恐怖活動，應當包括反對語言恐怖。

(三)句子辨析 (8 題)

選出沒有語病的句子：

23. A. 陳樹桓本身創辦廣南漁業公司，擁有新型遠洋漁船十多艘；公司總部設在灣仔告士打道一幢四層洋房，面向渡海小輪碼頭。

    B. 那是一個沒有傳真機、更不用説電腦的時代，僅有的通信工具是寫信與電話，在國民黨戒嚴時代，信、電話被監看、監聽，家常便飯。

    C. 讀過這些人物的言行，就發現他們雖然高舉真理，但是經常偏於抽象，遠離現實，對於實際的事物，他們卻無法照料甚至普遍的忽略。

    D. 我在閱讀這段記載時，心裏突然有個領會：如果這位帶著極端思想的烏托邦始創人，過得是這等混亂無序的生活，那麼在這種結構底下所創發的主義會產生什麼樣的結果？

24. A. 著名英籍大律師是貝納祺，財力雖不及陳樹桓，但熟稔法律。

    B. 作為一個台灣人，我記得鄧浩賢。可是，作為香港人，可還有人記得他？

    C. 櫻花是美麗的，日本的風光是動人的，因為日本有些實在是醜惡！

    D. 清明節前夕，西環第二街橫巷一間老店特別忙碌。老闆巧手，不停變出一件又一件貨品。

25. A. 或許是鄧浩賢的年輕、溫煦與良善的外表，他一直進出台灣，並不曾受到太多的干擾。

B. 為了達到這些遠大的目標，犧牲一些人也是在所難免的。

C. 這句話義正辭嚴，一面傳達了殘酷的事實，一面也説明了這些所謂的知識份子普遍的心態。

D. 中學畢業後，便以製作獅頭及元宵、中秋節的大型花燈為生。後來受內地廉價競爭影響，他便轉型售賣紙紮品。

26. A. 有一日，政治部突然通知他，説他涉及政治活動，不歡迎他在香港居留及住宿，並限他七天內離境及離港。

B. 共產主義和許多烏托邦思想的終局，都描繪了將來的美景與理想社會的狀況。但極端反諷的是，要達到這個目標，卻必須運用暴力與血腥的手段。

C. 研究發現：性別不同並非影響閱讀能力的主因，反而同學的家庭經濟狀況愈好，愈能透過朋輩影響，增強學生閱讀能力。

D. 資本主義的敵視同樣對他，和他在理財上的荒誕無能有密切的關係，他筆下對資本主義罪惡的仇恨充滿了末日審判的氣味。

27. A. 早期廣州廣雅書院黃麟書、林翼中、區芳浦等幾位教師，鑑於教育對國民的重要，遂組織「甲子學院」。

B. 這些高唱理論的知識份子，就像一個賣生髮油的推銷員，頭上硬是長不出頭髮來，一副童山濯濯的樣子。

C. 在中國人的社會，大部分男士都會選擇與自己年輕的女性結婚，但統計處一項研究卻顯示，丈夫較妻子年輕，不再是美滿婚姻的障礙。

D. 儘管是次教改爭論雙方的關注點都放在教師壓力和資源投放之上，但教統局或教師並非沒有提出教改或反教改都是為了學生。

選出有語病的句子：

28. A. 我們無須認同作者所有的説法，因為有可能他的史料不夠準確，可能是道聽塗説，或甚至是八卦，他的筆法對這些著名的知識份子也很刻薄。

B. 我永遠記得神秘來訪的這位年輕的男孩，高瘦而好看，有那樣整齊的外表與溫馴的良善，而且，如此熱情。

C. 一個偉大的人道主義者，倡導和平、高舉反戰，反對剝削，頌揚公理與正義，提倡這些人類理想的人固然值得我們景仰、尊敬。

D. 理大應用理會科學系助理教授鍾劍華在分析時指出，社會愈趨接受姊弟戀婚姻，新近推出的以姊弟戀為題材的電視劇，或多或少也可反映這種社會現象。

29. A. 許多高超、理想的理論經過執行之後，為甚麼無法成為人類的福趾，反成人類的災禍，這就是執行的人重看理論過於人本身的緣故。

B. 政府的一個既可疑又言過其實，是指工程早在三年前已得到立法會贊成通過，議員們不應反過來阻礙工程。

C. 有些類型的知識份子強調行動世人生存的理由，但是他們卻偏偶只留在咖啡館裏，他們無暇他顧，怯於行動，既不屬於群眾，也遠離群眾，甚至還藐視他們。

D. 作為推動者，教統局的主要教改負責人可以清楚說明整個教改各項政策之間的協調和和聯繫嗎？

30. A. 我們如果同意上述的說法，就該更清醒地面對知識份子本身的問題。

B. 這是1850年間普魯士警方的密探所做的報告，你很難想像人怎能在這等環境下生存。

C. 林義雄、施明德等人都在被逮捕之列，而陳水笠、謝長廷等便是當年挺身而出的辯護律師。

D. 因為默書測驗失了不少分數，擔心影響升讀心儀中學的機會，經常快樂的兒子哭了一整天。

(四) 詞句運用 (8 題)

選擇正確的字詞以完成句子：

31.作為一條商業通道「絲綢之路」的作用應主要體現在商業貿易上，可實際上，它的歷史作用卻遠遠超出經濟交流的（甲）______。而今天，「絲綢之路」所經地帶又重新成了（乙）______的所在。

依次填上甲、乙兩處的詞語，最恰當的是：

A. 界限　舉世矚目　　B. 界限　舉足輕重

C. 範疇　舉足輕重　　D. 範疇　舉世矚目

32.所謂中介系統，指主體借以認識客體的各種實體性工具和非實體性工具。客體信息場，主體的神經系統，某次具體認識中主體所憑借的知識背景，以及認識的______手段——儀器、電子計算機等，都是決定着主體認識能力的中介系統。

最適合填入______的詞語是：

A. 具體　B. 檢測　C. 可靠　D. 物化

33.詩在其所具有的諸多品格中，十分重要的一條，便是對生活的（甲）______的打量。詩人的目光彷彿具有（乙）______的本領，生活中許多瑣碎、平淡甚至枯燥的事物，經過它的撫摸，便產生了豐富的意味。

依次填入甲、乙兩處的詞語，最恰當的是：

A. 別具一格 點石成金　　B. 別具匠心 明察秋毫

C. 別具匠心 點石成金　　D. 別具一格 明察秋毫

34.「五四」前後西方文化大引進，新的政治、科技詞語大量（甲）_____。當前隨着改革開放的不斷深入，經濟方面的新詞尤為活躍，如「知識經濟」、「特區」、「下崗」、「炒魷魚」等等。核裂變之際，各種微粒高速碰撞，便產生新的微粒口語言，現像（乙）______。

依次填入甲、乙兩處的詞語，最恰當的是：

A. 發明 與此雷同　　B. 誕生 與此雷同

C. 誕生 與之類似　　D. 湧現 與之類似

35.我學外國文學有這樣的經驗：往往從篤信甲派不了解乙派，到了解乙派而對甲派重新估定價值。因而我想到，培養文學趣味好比（甲）______，須（乙）______那些非我所有的，使其終於為我所有。

依次填入甲、乙兩處的詞語，最恰當的是：

A. 玩賞花卉 吸納　　B. 開疆闢土 征服

C. 玩賞花卉 消化　　D. 開疆闢土 佔據

36.忠實與通順，作為翻譯的準則，應該是統一的整體，不能把兩者割裂開來，與原意______的文字，不管多麼通順，都稱不上是翻譯；同樣，譯文詞不達意也起不了翻譯的作用。

最適合填上______的詞語是：

A. 不謀而合　　B. 截然相反

C. 如出一轍　　D. 大相徑庭

37. 新古典經濟學以市場為導向的主張西方環境政策的形成中起到了重要作用，但其研究方法也受到廣泛的______，有人認為，完全市場化的環境政策其結果會適得其反，由人類活動引起的環境損害將有增無減。

最適合填上______的詞語是：

A. 批評　B. 懷疑　C. 關注　D. 批判

將下列句子排列出正確次序：

38. （1）記者與當事人電話聯繫

（2）記者聽說一件資助失學少年的事情

（3）一篇感人的報導引起了反響

（4）當事人不願將自己的事情“曝光”

（5）記者到學校進行調查和採訪

A. 2－1－4－5－3

B. 3－4－5－1－2

C. 1－2－4－5－3

D. 2－5－3－4－1

39.（1）鮮菜擺上貨架

（2）給番茄澆水

（3）建造玻璃房

（4）給爐子添加煤炭

（5）採摘成熟果實

A. 3－4－2－5－1

B. 5－1－3－2－4

C. 3－1－5－2－4

D. 1－2－3－5－4

40.（1）來到現場

（2）接到報案

（3）抓住了罪犯

（4）進行調查

（5）發現了可疑點

A. 5－3－1－4－2

B. 2－1－4－5－3

C. 2－4－1－3－5

D. 5－2－4－1－3

41.（1）有關人員受到處分

（2）小學生接種疫苗

（3）有關部門進行調查

（4）某防疫站購進過期藥品

（5）小學生出現不良反應

A. 2－4－5－3－1

B. 4－2－5－3－1

C. 4－2－5－1－3

D. 5－2－4－3－1

42.（1）滿意而歸

（2）購買車票

（3）準備行裝

（4）乘車出發

（5）遊覽名勝

A. 5－3－4－2－1

B. 2－4－3－5－1

C. 2－3－4－5－1

D. 2－3－5－4－1

43.（1）司機們接受了新型汽油

（2）某種汽油對大氣污染嚴重

（3）用戶認為價格太高，不願使用

（4）廠家採用新技術降低成本

（5）專家研製出某種新型低污染汽油

A. 2－3－4－5－1

B. 3－4－5－1－2

C. 2－5－4－3－1

D. 2－5－3－4－1

44.（1）製衣樣

（2）購買布料

（3）量尺寸

（4）試穿

（5）製成衣

A. 3－5－4－1－2

B. 2－3－1－4－5

C. 4－3－5－1－2

D. 3－4－5－2－1

45.（1）暴雨傾盆

（2）緊急動員

（3）戰勝洪水

（4）衝垮大堤

（5）抗災搶險

A. 1－2－4－3－5

B. 1－4－2－5－3

C. 5－3－4－2－1

D. 4－1－2－3－5

-全卷完-

【模擬測驗(三)答案】

(一)閱讀理解

文章閱讀(8題)

1.B	2.B	3.D
4.C	5.A	6.C
7.A	8.A	

片段/語段閱讀(6題)

9. 答案:C。根據“有什麼樣的文化,就有什麼樣的語言”“語言的工具性本身就有文化性”兩句話都可知這段文字強調的是語言的文化性。通讀題目並未強調工具性,所以選項A不正確。“如果……”一句説明了目前語言教學工作中忽視文化教學在實踐中應用語言導致的尷尬後果,從而反面説明應重視“文化教學”,可見選項B、D不正確。

10. 答案:D。本題一開始就點明“供過於求”是普遍現象,實際為後面“這就需要靠廣告”點明了根源所在。這段話實際的邏輯順序是:今天的商業世界中,供過於求→商家之間競爭→為了競爭採取廣告手段,由此可見廣告是經濟活動中供過於求的產物,選項D最精煉地概括了大意。選項A有“必然”二字,太過於絕對,可以排除。選項B只概括了後兩句話是一句現象,沒談到根本,概括不全面。選項C只概括了最後一句話的內容,過於淺顯。

11. 答案:D。這段話是一個轉折複句,重點強調了“但”字之後的內容。“但”之前的內容説空間探索“一直受到指責,僅有這麼一句,“但”以後大篇幅內容是説明宇宙探索的好處,可見這段話的主要目的是説明宇宙探索義意重大,即選項D的內容;A、C沒有看到本段話的重心在“但”字後,不對。選項B的説法過於片面,也不正確。

12. 答案:B。這段話中的第一句就提出了論點,即“工作中的人際關係”“不那麼複雜”,後面的話都是對它的説明。所以選項B正確。這段話中並沒有與普通的人際關係比較之意,所以選項A不正確,選項C的內容是對論點進行的展開説明,不是論點,所以不是正確選項。選項D的內容也是圍繞論點的敍述,也不是正確選項。

13. 答案:B。本段話重點在“如果……”一句。它假設的是相反情況會產生什麼後果,所以作者的觀點很顯然就是不希望,不應該出現這種後果,即政府要貫徹其政策而不能改變,即選項B的內容。選項A、C、D的內容都沒有在所給文字中提及,不是正確答案。

14. 答案：A。這段話的重點在“我們可以看出，在中國……最缺乏的是企業參與的研究基地及研究企業”這一句，那麼作者的觀點很明顯，就是認為應該充分發揮企業在科技創新中的重要作用。所以選項A是正確的。選項B只說到了種類型，沒有概括到企業參與、企業資助、共建、獨創等情況，顯然不正確。C選項的“中國經濟騰飛”本題未提及，D選項的“提高企業效益”也不是主要內容。

（二）字詞辨識（8題）

15.B　16.A　17.D　18.C

19. 答案：C。A.包裹；B.暴徒；D.沉淪。

20. 答案：A。B.竦竦；C.毒瘤；D.狠。

21. 答案：B。A.契機；C.唯茲唯大；D.衣袂。

22. 答案：D。A.綻放；B.扼殺；C.攻訐。

（三）句子辨析（8題）

23. 答案：A。B.表意不明；C.「就發現」一句欠主語；D.「領會」應改為「問題」

24. 答案：D。A.「著名英籍大律師是貝納祺」：語序不當，應為「貝納祺是著名英籍大律師」。B.表意不明。C.連詞不當：「但日本有些人卻實在是醜惡」。

25. 答案：C。A.表意不當/ 語序混亂，前三句應為「或許是因為年輕、溫煦與良善的外表，鄧浩賢一直進出台灣」。B.語意不明。D.第一句欠主語。

26. 答案：C。A.行文冗餘，刪去「及住宿」及「離境及」。B.第二句欠主語。D.語序不當：「資本主義的敵視同樣對他」應為「他同樣對資本主義的敵視」。

27. 答案：B。A.文白夾雜：「遂」改為「於是」。C.「大部分」與「都」：全部與部分的矛盾。D.表意不明。

28. 答案：A。「八卦」：口語入文

29. 答案：B。第一句欠賓語：宜加上「的說法」。

30. 答案：D。語序不當，欠配對連詞。「經常快樂的兒子」調到「因為」之前，「哭」之前加上「所以」。

（四）詞句運用（15題）

31. 答案：A。超出的只能是界限，而不能是範疇，因為範疇是一個抽象概念，舉足輕重是形容地位和作用的，故應選A。

32. 答案：D。儀器、電子計算機是認識的物化手段，其他三項都反映認識手段的基本特徵。

33. 答案：C。通過文中的“打量”、“本領”、“產生了”可知括號內應填入的分別是“別具匠心”和“點石成金”。

34. 答案：D。根據“引進”一詞可知第一個括號應填入的湧現，誕生往往是形容一個人、一件偉大的工程、一個組織等等重大的事件。

35. 答案：B。“開闢疆土”比“玩賞花卉”更適合甲的位置，“征服”比“佔據”更適於文學分類。

36. 答案：D。通讀整段話，聯繫上下文可知，橫線上應填一個表示意思“前後不一致”的詞語，因此，排除選項A、C。“截然相反”是形容完全相反；“大相徑庭”表示彼此相差很遠。翻譯的時侯，不可能把意思翻譯得完全相反…，選項B不正確。根據上下文可知“大相徑庭“更合適，故選項D正確。

37. 答案：A。該段話的前半部分肓定了新古典經濟學在西方環境政策的形成中起到了重要作用，但是後半部分卻指出有人認為其研究方法可能會使結果適得其反，而對環境的損害有增無減。從這可以得知，其研究方法得到廣泛批評的，故選A。B選項所表達的意思程度不夠，與原文意思有差距，故不選。“批判”是對錯誤的思想、言論或行為做系統的分析，加以否定，與原文意思不符，不正確。而選項C的內容與原文的意思相反。

38.A　39.A　40.B　41. B

42.C　43.D　44.B　45.B

PART
FOUR

考生急症室——

1）每隔多久考CRE一次？

CRE一年考兩次，分別在6月和10月考試。

2）什麼人符合申請資格？

- 持有大學學位（不包括副學士學位）；或
- 現正就讀學士學位課程最後一年；或
- 持有符合申請學位或專業程度公務員職位所需的專業資格。

3）若然在香港中學文憑考試英國語文科及／或中國語文科取得5級或以上成績，是否需要報考綜合招聘考試英文運用及／或中文運用試卷？

香港中學文憑考試英國語文科5級或以上成績會獲接納為等同綜合招聘考試英文運用試卷的二級成績。香港中學文憑考試中國語文科5級或以上成績會獲接納為等同綜合招聘考試中文運用試卷的二級成績。持有上述成績者不須考試。

4）若然在香港高級程度會考英語運用科（或General Certificate of Education A Level (GCE A Level) English Language科）及／或中國語文及文化科取得及格成績，可否獲豁免參加綜合招聘考試？

香港高級程度會考英語運用科或GCE A Level English Language科C級或以上成績會獲接納為等同綜合招聘考試英文運用試卷的二級成績；香港高級程度會考中國語文及文化、中國語言文學或中國語文科C級或以上成績會獲接納為等同綜合招聘考試中文運用試卷的二級成績。如果持有上述成績者不須考試。

香港高級程度會考英語運用科或GCE A Level English Language科D級成績會獲接納為等同綜合招聘考試英文運用試卷的一級成績；香港高級程度會考中國語文及文化、中國語言文學或中國語文科D級成績會獲接納為等同綜合招聘考試中文運用試卷的一級成績。如果持有上述成績，可因應有意投考的公務員職位的要求，決定是否需要應考綜合招聘考試英文運用及/ 或中文運用試卷。

5）「綜合招聘考試」(CRE)跟「聯合招聘考試」(JRE)有何分別？

在CRE中英文運用考試中取得「二級」成績後，可投考JRE，考試為AO、EO及勞工事務主任、貿易主任四職系的招聘而設。

6）CRE成績何時公佈？

考試邀請信會於考前12天以電郵通知，成績會在試後1個月內郵寄到考生地址。

7）報考CRE的費用是多少？

不設收費。

8）若然在綜合招聘考試的英文運用及中文運用試卷取得二級或一級成績，並在能力傾向測試中取得及格成績，是否已符合資格申請公務員職位？可以在何時及怎樣申請這些職位？

個別進行招聘的部門/ 職系會於招聘廣告中列明有關職位所需的綜合招聘考試成績。由於綜合招聘考試與公務員職位的招聘程序是分開進行的，應留意在各報章及公務員事務局網頁刊登的公務員職位招聘廣告，然後直接向進行招聘的部門/ 職系提交職位申請。進行招聘的部門/ 職系會核實你的學歷及/ 或專業資格，並可能在綜合招聘考試外，另設其他考試/ 面試。

9） 可否使用CRE的成績來申請政府以外的工作？

CRE招聘考試是為招聘學位或專業程度公務員職位而設的基本測試，而非一項學歷資格。

10） 如遺失了CRE考試／基本法測試的成績通知書，可否申請補領？

可以書面（地址：香港添馬添美道2號政府總部西翼7樓718室）或電郵形式（電郵地址：csbcseu@csb.gov.hk）向公務員考試組提出申請。

看得喜 放不低

創出喜閱新思維

書名　投考公務員中文運用精讀王　修訂版
ISBN　978-988-78873-1-7
定價　HK$88
出版日期　2018年6月
作者　Man Sir & Mark Sir
責任編輯　何慧敏
版面設計　梁文俊
出版　文化會社有限公司
電郵　editor@culturecross.com
網址　www.culturecross.com
發行　香港聯合書刊物流有限公司
地址：香港新界大埔汀麗路36號中華商務印刷大廈3樓
電話：（852）2150 2100
傳真：（852）2407 3062